ABB 工业机器人二次开发与应用

陈 瞭 肖步崧 肖 辉 编著

电子工业出版社
Publishing House of Electronics Industry
北京·BEIJING

内 容 简 介

本书以ABB工业机器人为例，从机器人与视觉应用，机器人与上位机联合开发（C#）、机器人与工厂级平台联合开发等方面，将机器人的二次开发方法与过程深入浅出地呈现给读者。

本书的主要阅读对象为工业自动化工程师、机器人工程师、大专院校师生等有一定自动化基础的人。

未经许可，不得以任何方式复制或抄袭本书之部分或全部内容。
版权所有，侵权必究。

图书在版编目（CIP）数据

ABB工业机器人二次开发与应用 / 陈瞭，肖步崧，肖辉编著. —北京：电子工业出版社，2021.4
ISBN 978-7-121-40840-3

Ⅰ.①A… Ⅱ.①陈… ②肖… ③肖… Ⅲ.①工业机器人－研究 Ⅳ.①TP242.2

中国版本图书馆 CIP 数据核字（2021）第 052232 号

责任编辑：张　迪（zhangdi@phei.com.cn）
印　　刷：北京捷迅佳彩印刷有限公司
装　　订：北京捷迅佳彩印刷有限公司
出版发行：电子工业出版社
　　　　　北京市海淀区万寿路173信箱　邮编 100036
开　　本：787×1 092　1/16　印张：16　字数：410千字
版　　次：2021年4月第1版
印　　次：2024年3月第7次印刷
定　　价：79.00元

凡所购买电子工业出版社图书有缺损问题，请向购买书店调换。若书店售缺，请与本社发行部联系，联系及邮购电话：（010）88254888，88258888。
质量投诉请发邮件至 zlts@phei.com.cn，盗版侵权举报请发邮件至 dbqq@phei.com.cn。
本书咨询联系方式：（010）88254469，zhangdi@phei.com.cn。

序

一直以来，我国都是全球最大的工业机器人需求和应用市场。目前，工业机器人深受国内外机器人品牌商的重视，其影响力相当大。多年来，我国工业机器人不管是销量还是市场规模，都始终保持着两位数的增长幅度。在经历过 2018 年的转折、2019 年的低迷和 2020 年的疫情等之后，智能制造和工业自动化开启了新篇章。无疑，工业机器人技术和应用是其中的关键。工业机器人将需要更多地和外部部件、系统进行协作与交互以完成作业，这就对自动化行业的工程师提出了更高的要求，需要他们精通多个不同领域，如 PLC、上位机和视觉系统，甚至运动控制算法。逐渐地，大数据和人工智能也将融入其中。几位作者与我共事，长期工作在机器人自动化领域的前沿，参与了众多高难度的客户项目和研发项目，深刻理解在高性能优质机器人与成功的高质量自动化应用之间有很多值得深入探究的课题；为了让更多的工程师能一起共同提高我国工业机器人的行业应用水平，几位作者一直致力于传道授业解惑，为 ABB 工业机器人的普及和推广做出了卓越的贡献。相信读者能够从本书中找到沉甸甸的干货，衷心希望所有自动化从业者能共同致力于提升我国装备水平。

ABB 电子事业部中国区负责人

孙　伟

前　言

随着工业 4.0 概念的日益深入人心，工业机器人的使用以前所未有的速度在推广。人们对于工业机器人的认识，也从原来的新奇事物逐渐变为实际生产环节中不可或缺的一环。工业机器人的应用也从最早的纯"在线示教与复现"的机器人 1.0 时代向机器人 2.0 和机器人 3.0 时代跨越。

智能传感器的加入，让机器人拥有自己的"眼睛"、"耳朵"和"鼻子"等。工业机器人能根据外界设备的输入，实时调整其自身的运行，实现智能化生产。甚至可以完全不需要先期的"在线示教"，而完全通过外界的离线轨迹或者外部上位机的实时规划来完成机器人的运动。

随着视觉应用的普及，机器人在工作时，需要越来越多地配合不同的视觉产品进行应用。对于机器人与智能相机的联合开发与应用需求与日俱增。

同时，机器人作为自动化生产线的一个执行机构，需要更好地融入整个智能制造现场，融入智能工厂。对于基于机器人的二次开发，尤其是上位机 [B/S（浏览器/服务器）和 C/S（客户端/服务器）] 方面的开发，也成为更好提升整个自动化智能工厂的急切诉求。

针对市场缺乏工业机器人二次开发与应用类书籍，本书基于编著者多年工业机器人项目应用和培训的经验，以 ABB 工业机器人为例，从机器人与视觉应用，机器人与上位机联合开发（C#），机器人与工厂级平台联合开发（WebService）等方面，将机器人的二次开发方法与过程深入浅出地呈现给读者，同时也希望能满足工厂对于机器人更好接入工厂智能系统的需求。

本书主要内容有：

（1）机器人与 PLC 数据传输，包括机器人与 PLC 传输浮点数，机器人实时发送位置、转矩、速度、错误号等信息，以及 Modbus/TCP 通信。

（2）基于 Socket 通信的视觉引导抓取，包括相机先拍照机器人后抓取和机器人先抓取相机后拍照不同模式，并以康耐视 In-Sight 为例进行实例讲解。

（3）基于 PC SDK 的二次开发，包括上位机对机器人数据和 I/O 信号的读写与订阅，对机器人的启动、停止、备份和重启等的控制，上位机与机器人系统文件的传输与加载等；还举例讲解 ABB 工业机器人最新支持的 OPC UA 等功能。

（4）基于 RobotStudio SDK 的二次开发，包括利用 SDK 在 C#语言环境下开发 Smart 组件，以及在 RobotStudio 中添加自定义功能等。

（5）基于 Robot Web Services 技术的二次开发，利用 ABB 工业机器人的 Web Service 接口对机器人数据进行读写，以及手动模式下的远程 Jog 机器人。

（6）Externally Guide Motion。外部传感器可以最快以 250Hz 的频率（每 4ms）获取机器人的位置数据及实时控制机器人的运动。

全书由陈瞭、肖步崧、肖辉编著。特别感谢上海 ABB 工程有限公司电子事业部孙伟经理、工程部鞠正经理、全球电子事业部解决方案中心经理舒飏对本书编写过程中的大力支持。叶麒龙、倪晓云、陈浩庭、沈良等为本书的撰写提供了许多宝贵意见,在此表示感谢。尽管编著者主观上想努力使读者满意,但在书中肯定还会有不尽人意之处,欢迎读者提出宝贵的意见和建议。

谨以此书献给编著者的孩子们,祝他们健康快乐,茁壮成长。

编著者

目　　录

第 1 章　机器人与 PLC 传输数据 ·· 1
1.1　通过总线发送实数 ·· 6
1.2　机器人控制器变身交换机 ·· 11
1.3　实时发送机器人的位置 ·· 16
1.4　实时发送机器人速度 ·· 21
1.4.1　速度输出 ·· 21
1.4.2　在 RobotStudio 中监控速度 ··· 22
1.5　PLC 读取机器人的各轴扭矩 ·· 25
1.6　发送机器人错误号 ·· 26
1.7　ModBus/TCP ·· 31
1.7.1　读取数据 ·· 32
1.7.2　写入数据 ·· 34

第 2 章　基于 Socket 通信的视觉引导抓取 ··· 37
2.1　Socket 通信 ·· 37
2.1.1　Socket 通信简介 ··· 37
2.1.2　网络设置 ·· 37
2.2　创建 TCP/IP 通信 ·· 40
2.2.1　创建 Client 端的实例 ·· 41
2.2.2　创建 Server 端的实例 ··· 43
2.3　传输 400 个 Float 型数据 ··· 44
2.3.1　接收 400 个 Float 型数据 ··· 44
2.3.2　发送 400 个 num 型数据 ·· 46
2.4　字符串的解析 ·· 47
2.5　四元数与欧拉角 ·· 49
2.5.1　空间位姿的表示 ·· 50
2.5.2　四元数与欧拉角的转换 ··· 52
2.6　先拍照后抓取 ·· 55
2.6.1　修正单个点位位置 ·· 55
2.6.2　修正工件坐标系 ·· 62
2.7　先抓取后拍照 ·· 67
2.8　飞拍 ··· 70
2.9　康耐视觉产品介绍 ·· 73
2.10　In-Sight 软件介绍与安装 ·· 73
2.11　相机的校准与配置 ·· 76
2.12　机器人与康耐视通信 ·· 82

2.13　UDP 通信 ··· 85

第 3 章　基于 PC SDK 的二次开发 ··· 88
3.1　PC SDK 简介 ·· 88
3.2　机器人权限问题 ··· 90
3.3　连接机器人控制器 ·· 91
3.4　读写数据 ·· 94
3.4.1　读取 RAPID 数据 ·· 94
3.4.2　写入 RAPID 数据 ·· 98
3.5　读写数组 ··· 101
3.5.1　读取数组 ··· 101
3.5.2　写入数组 ··· 102
3.6　读写 I/O ·· 104
3.6.1　读取 I/O ·· 104
3.6.2　写入 I/O ·· 106
3.7　获取机器人当前位置 ·· 108
3.8　调节机器人运行速度 ·· 111
3.8.1　获取与设置机器人运行速度的百分比 ··················· 111
3.8.2　获取与设置机器人运行速度的绝对值 ··················· 112
3.9　启动与停止 ·· 116
3.9.1　上电与下电 ·· 116
3.9.2　指针复位 ··· 119
3.9.3　启动与停止 ·· 120
3.9.4　设置程序指针 ·· 121
3.10　订阅 ·· 123
3.10.1　机器人控制器状态 ··· 123
3.10.2　I/O ·· 126
3.10.3　数据 ·· 128
3.10.4　UImessage ··· 128
3.11　显示任务内所有数据 ··· 132
3.12　事件日志 ·· 134
3.13　传输文件与加载 ··· 137
3.13.1　从机器人控制器传输文件到 PC ·························· 138
3.13.2　从 PC 传输文件到机器人控制器 ························· 138
3.13.3　程序模块的加载 ··· 139
3.13.4　程序模块的保存 ··· 140
3.13.5　完整程序的加载 ··· 140
3.14　备份与重启 ·· 141
3.15　获取机器人选项信息 ··· 143
3.16　获取机器人运行信息 ··· 143
3.17　OPC Server 的配置 ··· 145

		3.17.1 IRC5 OPC DA Server 配置	145
		3.17.2 IRC5 OPC UA Server 配置	149

第4章 基于RobotStudio SDK 的二次开发 ················· 157

4.1 RobotStudio SDK 简介 ················· 157
- 4.1.1 RobotStudio SDK 概述 ················· 157
- 4.1.2 RobotStudio SDK 安装 ················· 157

4.2 第一个 RobotStudio Add-In ················· 159
- 4.2.1 Logger 输出"Hello World" ················· 159
- 4.2.2 创建 Button 输出 Logger 信息 ················· 163

4.3 我的机器人查看器 Add-In ················· 165
- 4.3.1 创建新视图函数 ················· 166
- 4.3.2 获取机械装置函数 ················· 172

4.4 自定义 Smart 组件 ················· 173
- 4.4.1 信号与 Logger 输出 ················· 173
- 4.4.2 修改 Properties 制作一个加法器 ················· 177

第5章 基于 Robot Web Services 的二次开发 ················· 181

5.1 Robot Web Services 简介 ················· 181

5.2 读取机器人系统的信息 ················· 185
- 5.2.1 API 接口查找 ················· 185
- 5.2.2 URL 读取 ················· 185
- 5.2.3 网页交互式读取 ················· 187
- 5.2.4 基于 C#的客户端读取 ················· 191

5.3 读取机器人关节数据 ················· 195
- 5.3.1 API 接口查找 ················· 195
- 5.3.2 网页交互式读取 ················· 196

5.4 读取机器人状态信息 ················· 198
- 5.4.1 API 接口查找 ················· 198
- 5.4.2 网页交互式读取 ················· 200

5.5 设置机器人输出信号 ················· 201
- 5.5.1 API 接口查找 ················· 201
- 5.5.2 通过网页的按钮设置 ················· 202

5.6 控制机器人电机开启或关闭 ················· 204
- 5.6.1 API 接口查找 ················· 204
- 5.6.2 通过网页的按钮控制 ················· 205

5.7 实现对机器人的 Jog 控制 ················· 206
- 5.7.1 API 接口查找 ················· 206
- 5.7.2 在 WinForm 窗体软件中实现控制 ················· 209

第6章 Externally Guided Motion ················· 216

6.1 EGM 简介 ················· 216
6.2 EGM 相关指令介绍 ················· 217

	6.2.1	EGM 的状态 ·· 217
	6.2.2	位置流实时输出 ·· 218
	6.2.3	Position Guidance 实时闭环控制 ································· 219
	6.2.4	基于已有轨迹的矫正 ··· 223

6.3 基于 EGM Stream 的实时数据流输出 ·· 223
    6.3.1 创建机器人 RAPID 代码 ··· 223
    6.3.2 创建 C#可用的 ProtoBuffer 文件 ···································· 225
    6.3.3 机器人对 C#端的实时数据输出 ······································ 229

6.4 C#端 WinForm 实时移动机器人（4 毫秒周期）····························· 232
    6.4.1 创建机器人 RAPID 代码 ··· 232
    6.4.2 创建 WinForm 程序 ·· 233
    6.4.3 完整上位机实时移动测试 ··· 235

6.5 基于 LeapMotion 的手势操控机器人运动 ······································· 237
    6.5.1 LeapMotion 简介 ·· 237
    6.5.2 LeapMotion 数据的读取 ··· 238
    6.5.3 基于 LeapMotion 的上位机程序 ···································· 241

第 1 章　机器人与 PLC 传输数据

现场总线（Field Bus）是近年来迅速发展起来的一种工业数据总线，它主要解决工业现场的智能化仪器仪表、控制器、执行机构等现场设备间的数字通信，以及这些现场控制设备和高级控制系统之间的信息传递问题。由于现场总线具有简单、可靠和经济实用等一系列突出的优点，因而受到了许多标准团体和计算机厂商的高度重视。

目前主流的现场总线有很多，包括 PROFINET、Ethernet/IP、DeviceNet、PROFIBUS 等。对于常见的工业现场的通信方式，ABB 工业机器人都能较好地支持，具体内容见表 1-1。

表 1-1　ABB 工业机器人支持的通信方式

通信方式	机器人选项	功　能
PROFINET	888-2 PROFINET Controller/Device	机器人可以同时作为 PROFINET 网络的 Controller（控制器）和 Device（设备），共享一个 IP 地址； 不需要额外的硬件
PROFINET	888-3 PROFINET Device	机器人只能作为 PROFINET 网络的 Device； 不需要额外的硬件
PROFINET	840-3 PROFINET Anybus Device	机器人只能作为 PROFINET 网络的 Device； 需要额外的 Anybus Adapter（适配器）
Ethernet/IP	841-1 EtherNet/IP Scanner/Adapter	机器人可以同时作为 Ethernet/IP 网络的 Scanner 和 Adapter，共享一个 IP 地址； 不需要额外的硬件
Ethernet/IP	840-1 EtherNet/IP Anybus Adapter	机器人只能作为 Ethernet/IP 网络的 Adapter； 需要额外的 Anybus Adapter
DeviceNet	709-1 DeviceNet Master/Slave	机器人可以同时作为 DeviceNet 网络的 Master（主站）和 Slave（从站），共享一个网络地址，默认为2； 需要在主机内安装 DSQC1006 板卡
DeviceNet	840-4 DeviceNet Anybus Slave	机器人只能作为 DeviceNet 网络的 Slave； 需要额外的 Anybus Adapter
PROFIBUS	969-1 PROFIBUS Controller	机器人只能作为 PROFIBUS 网络的 Controller； 需要额外的 Anybus Adapter
PROFIBUS	840-2 PROFIBUS Anybus Device	机器人只能作为 PROFIBUS 网络的 Device； 需要额外的 Anybus Adapter
CC-LINK	709-1 DeviceNet Master/Slave	需要额外的 378B 硬件模块将 CCLINK 协议转为 DeviceNet 协议
RS-232 串口	不需要选项	通过相关的 RAPID 指令实现串口通信功能； 硬件非标配，需要硬件的支持
Socket 通信	616-1 PC-Interface	机器人可以编写 Socket 相关语句与外界通信； 机器人可以通过 Service/LAN3/WAN 口与外界通信（LAN3/WAN 口 IP 地址可以修改）

ABB 工业机器人与外围设备通信的拓扑结构如图 1-1 所示，即 ABB 工业机器人控制器支持不同的工业总线（不同的工业总线需要使用不同的 ABB 工业机器人选项）。对于不同的工业总线选项，若该工业总线选项支持机器人作为主站，则在该工业总线的网络下可以下挂其他设备作为从站设备。作为从站的设备可以是 ABB 工业机器人的内部设备（如图 1-1 中的机器人控制柜内的基于 DeviceNet 总线的 I/O 模块 DSQC652），也可以直接是支持该工业总线的外部设备。在机器人端进行相关配置时，作为主站的机器人向对应从站设备分配地址，并对该设备上的对应 I/O 信号点进行地址设置。

若该工业总线对应的机器人选项仅支持机器人作为从站（与 PLC 通信），则仅需要在机器人侧设置对应的从站地址和相应的信号地址即可。

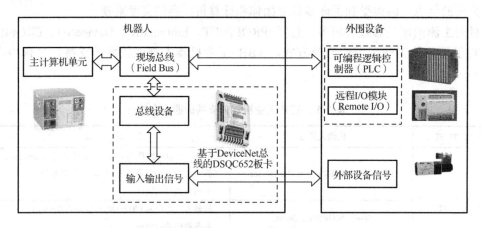

图 1-1　ABB 工业机器人与外围设备通信的拓扑结构

ABB 工业机器人可以创建的 I/O 信号类型包括 Digital Input Signal（单个数字输入信号）、Digital Output Signal（单个数字输出信号）、Analog Input Signal（模拟量输入信号）、Analog Output Signal（模拟量输出信号）、Group Input Signal（组输入信号）和 Group Output Signal（组输出信号）。

组输入信号和组输出信号，实质上就是用十进制数据直接表示多个信号构成的二进制数。例如，地址为 0、1、2、3 的信号均为 1，即信号为 1111，则用十进制表示为 15。使用组输入信号和组输出信号，能大大提高数据的利用率［4 个信号排列组合可以表示 16 种状态（0～15）］。图 1-2 所示为创建一个组输出信号 gout1，该信号属于 PROFINET 网络下的 PN_Internal_Device 设备，对应的输出地址为 0～7（可以表示 0～255 的整数）。将组输出信号 gout1 的值设置为 15（如图 1-3 所示），可以看到对应的 PN_Internal_Device 设备的地址位 0～3 的值均为 1，如图 1-4 所示。

注：组输出信号和组输入信号只能赋值为非负整数，即可以直接赋值 UINT、UDINT 和 ULINT 等数据类型。

图 1-2 创建一个组输出信号 gout1

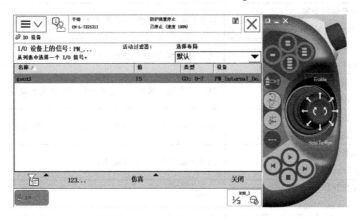

图 1-3 设置 gout1 的值为 15

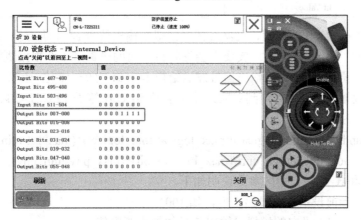

图 1-4 组输出信号 gout1 对应的二进制位值为 00001111

机器人的模拟量输出信号，实质上就是将待输出的具体数据根据对应设置的最大最小逻辑值关系和模拟量-数字量转化分辨率转化为对应的模拟量电压输出。例如，在图 1-5 中，新建的模拟量输出信号为 ao_1，其参数设置如表 1-2 所示。

表 1-2 模拟量输出信号 ao_1 的参数设置

名 称	值
信号名称（Name）	ao_1
信号类型（Type of Signal）	Analog Output
Assigned to Device	d651
设备地址（Device Mapping）	0～15
最大逻辑值（Maximum Logical Value）	400
最小逻辑值（Minimum Logical Value）	30
最大物理量输出（Maximum Physical Value）	10V（逻辑值为 400 时的输出）
物理量输出上限（Maximum Physical Value Limit）	10V（最大物理量输出不能大于物理量输出上限）
最小物理量输出（Minimum Physical Value）	0V（逻辑值为 30 时的输出）
物理量输出下限（Minimum Physical Value Limit）	0V（最小物理量输出不能小于物理量输出下限）
默认值（Default Value）	30（开机时该信号的逻辑值，不能小于逻辑值下限）
模拟量编码类型（Analog Encoding Type）	Unsigned（采用无符号编码）
最大比特值（Maximum Bit Value）	65535
最小比特值（Minimum Bit Value）	0

基于表 1-2 和图 1-5 的设置，机器人在对模拟量输出信号 ao_1 进行强制设置为 100 或使用指令 SetAO ao_1,100 时，实质上会先将待输出的逻辑量 100 根据逻辑量的最大值、最小值和比特分辨率，转化为组输出信号发送给板卡 d651 的 0～15 位，计算公式如式（1-1）。使用以上参数设置，可以计算得到对应组输出信号 go_curr 等于 12398，实际的模拟量输出数值 ao_voltage 为 1.89V。

$$go\_curr := round((ao\_1 - min\_logical)/(max\_logical - min\_logical) * (max\_bit - min\_bit)); \quad (1\text{-}1)$$

$$ao\_voltage := go\_curr/(max\_bit - min\_bit) * (max\_phy - min\_phy); \quad (1\text{-}2)$$

式（1-1）和式（1-2）中的参数说明如下。

（1）ao_1：当前设定的逻辑输出值，如 100。

（2）min_logical：设定的模拟量输出信号的最小逻辑值。

(3) max_logical:设定的模拟量输出信号的最大逻辑值。
(4) max_bit:设定的最大比特值.
(5) min_bit:设定的最小比特值。
(6) max_phy:设定的最大物理量输出值(V)。
(7) min_phy:设定的最小物理量输出值(V)。
(8) go_curr:当前对应的组输出信号(整数)。
(9) round:取整函数。
(10) ao_voltage:实际的模拟量输出数值(V)。

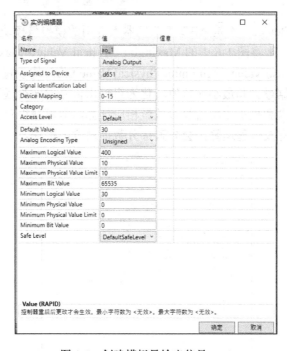

图 1-5 创建模拟量输出信号 ao_1

以上计算过程也可通过 ABB 工业机器人的编程语言 RAPID 实现,具体实现如代码 1-1 所示。

代码 1-1

```
PROC test_ao()
    VAR num max_logical;
    VAR num min_logical;
    VAR num max_bit;
    VAR num min_bit;
    VAR num max_phy;
    VAR num min_phy;
    VAR num ao_value;
    VAR num go_curr;
    VAR num ao_voltage;

    max_logical:=400;
    min_logical:=30;
    max_phy:=10;
```

```
        min_phy:=0;
        max_bit:=65535;
        min_bit:=0;
        ao_value:=100;

        setao ao_1,ao_value;
        go_curr:=round((ao_1-min_logical)/(max_logical-min_logical)*(max_bit-min_bit));
    !对应的组输出信号 go_curr 为 12398
        ao_voltage:=go_curr/(max_bit-min_bit)*(max_phy-min_phy);
    !对应的实际模拟量输出 ao_voltage 为 1.89V
ENDPROC
```

若配置的设备（Device）不是 ABB 工业机器人专用的模拟量模块（如 DSQC651），而是远程 I/O 或者 PLC，则将图 1-6 中的 Maximum Physical Value、Maximum Physical Value Limit、Minimum Physical Value、Minimum Physical Value Limit 均设置为 0 即可。机器人会直接将逻辑量数值根据最大和最小比特值转化为组输出信号发送给远程设备。远程设备只需根据机器人处的最大和最小比特值等参数做相应计算，即可获得对应的实数数据。此类转化可能由于除法运算及取整运算，会导致部分数据精度的丢失。

图 1-6　通过总线发送模拟量

1.1　通过总线发送实数

前文介绍了 ABB 工业机器人支持的 I/O 信号类型，包括单个数字量输入与输出信号，组输入与输出信号，以及模拟量输入与输出信号。对于组输入和组输出信号，只能赋值非负整数。

现场在遇到需要传输实数（包括负整数、带小数部分的数据等）时，多数采取先将数据统一加一个数转化为正实数（如统一加 300），再将新数据统一乘以一个数转化为正整数（如乘以 1000），如式（1-3）所示。PLC 在收到数据后，做对应的反运算，就可得到实际需要的实数。

$$\text{go\_out}:=(\text{reg1}+300)*1000; \tag{1-3}$$

此类方法较为烦琐,且需要机器人和 PLC 双方事先做好约定。若有一方修改规则,则收发数据就会出现问题。

PLC 端均支持常见的计算机数据类型,包括 USINT、UINT、UDINT、ULINT、SINT、INT、DINT、LINT 及 REAL(相当于标准 Float 32 位单精度浮点数)。以上数据类型均符合 IEC 61131-3 标准。对于以上不同的数据类型,最终均转化为二进制。机器人要发送相应类型的数据,只需要按照 IEC 61131-3 标准对数据进行打包转化即可。PLC 端在接收数据时,将对应地址位数据的类型设置成与机器人侧数据相同的类型,则 PLC 端可自动获取对应类型的数据(如 REAL 和 DINT 等)。

可以利用机器人指令 PackRawBytes 将不同的数据类型打包成二进制,并利用指令 UnPackRawBytes 将打包好的二进制数据转化为非负整数的形式,通过机器人的组输出信号发送。PLC 端收到对应的二进制数据后,根据数据类型自动解析,得到所需数据,其包括 REAL 和 DINT 等类型。

PackRawBytes integer, raw_data, (RawBytesLen(raw_data)+1) \IntX := DINT;
表示将数据 integer 以整数形式 DINT(有符号的双字整数)打包至 rawbyte 类型的数据 raw_data 中,存储于当前 raw_data 已有数据的下一字节开始的位置,占据 4 字节。IntX 参数可以选择的整数打包类型见表 1-3。

PackRawBytes float, raw_data, (RawBytesLen(raw_data)+1) \Float4;
表示将数据 float 以单精度实数形式 Float4 打包至 rawbyte 类型的数据 raw_data 中,存储于当前 raw_data 已有数据的下一字节开始的位置,占据 4 字节。

UnpackRawBytes raw_data, 1, g_out1 \IntX := UDINT;
表示在 raw_data 数据中,将以第一字节开始连续的 4 字节的数据转化为 UDINT 类型(无符号双字整数)并存储于数据 g_out1(实际上 g_out1 可以是一个 num 类型的数据,或者是一个组输出信号数据)。

利用以上指令,即可把 REAL 或者 DINT 等数据转化为 UDINT 类型的非负整数,并通过组输出信号发送给网络上的其他设备。PLC 端在接收到相应的二进制数据后,根据收到的数据类型进行自动转化,即可得到 REAL 或者 DINT 等数据结果。

在 ABB 工业机器人的 RAPID 编程中,直接使用 num 和 dnum 类型进行编程。num 和 dnum 均可表示整数和实数。在表示相应的整型数据时,参考表 1-3 的限制。

表 1-3 RAPID 支持的整型数据

数据类型	格 式	值 域
USINT	无符号 1 字节整数	0~255
UINT	无符号 2 字节整数	0~65 535
UDINT	无符号 4 字节整数	0~8 388 608 *
		0~4 294 967 295 ****
ULINT	无符号 8 字节整数	0~4 503 599 627 370 496 **
SINT	有符号 1 字节整数	−128~127
INT	有符号 2 字节整数	−32 768~32 767

续表

符号常量	格式	值域
DINT	有符号 4 字节整数	−8 388 607～8 388 608 *
		−2 147 483 648～2 147 483 647 ***
LINT	有符号 8 字节整数	−4 503 599 627 370 496～4 503 599 627 370 496 **

注：* 关于储存数据类型 num 中整型数据的 RAPID 限制。

** 关于储存数据类型 dnum 中整型数据的 RAPID 限制。

*** 使用 dnum 时的范围。

**** 使用 dnum 时的范围。

为考虑通用性，可编写代码 1-2 实现 ABB 工业机器人通过工业总线发送/接收实数和负数。发送数据时使用自定义指令 setdata（可选参数根据实际需要转化的数据类型进行选择）实现，接收数据时使用自定义函数 getdata（可选参数根据实际需要转化的数据类型进行选择）实现。

代码 1-2

```
FUNC num getdata (\switch Float|switch DInt|switch Int|switch SINT, VAR signalgi ginput)
    ! 接收数据并转化
    ! 若要转化的数据超过 num 类型的限制，见表 1-3，建议返回值的类型为 dnum
    ! Int: 带符号的 2 字节整数
    ! DInt: 带符号的 4 字节整数
    ! Float:4 个字节的实数
    ! SINT: 带符号的 1 字节整数
    VAR num result;
    ! 若要转化的数据超过 num 类型的限制，建议 result 设为 dnum
    VAR rawbytes rawbyte1;
    ClearRawBytes rawbyte1;

    PackRawBytes GInputDnum(ginput), rawbyte1,1\IntX:=UDINT;
    ! 将接收到的数据打包至二进制数据 rawbyte1 中，存放于 rawbyte 的第一字节开始的连续 4 字节
    IF Present (Float) THEN
        ! 如果选择了可选参数 Float
        UnpackRawBytes rawbyte1,1, result\Float4;
        ! 将 rawbyte1 中存储的数据转化为 Float 类型并存储于 num 型变量 result 中
    ENDIF
    IF Present (Int) THEN
        ! 如果选择了可选参数 Int
        UnpackRawBytes rawbyte1,1, result\IntX: =-2;
        ! 将 rawbyte1 中存储的数据转化为 INT 类型并存储于 num 型变量 result 中
    ENDIF
    IF Present (DInt) THEN
        ! 如果选择了可选参数 DInt
        UnpackRawBytes rawbyte1,1, result\IntX: =-4;
        ! 将 rawbyte1 中存储的数据转化为 DINT 类型并存储于 num 型变量 result 中
    ENDIF
    IF Present (SInt) THEN
        ! 如果选择了可选参数 SInt
        UnpackRawBytes rawbyte1,1, result\IntX: =-1;
```

```
            ! 将 rawbyte1 中存储的数据转化为 SINT 类型并存储于 num 型变量 result 中
        ENDIF
        RETURN result;
        ! 返回 result
ENDFUNC

PROC setdata (\switch Float|switch DINT|switch INT|switch SINT, VAR signalgo goutput,num data)
    ! 发送不同类型的数据
    ! 若要转化的数据超过 num 类型的限制，见表 1-3，建议输入参数 data 的类型为 dnum
    ! Int: 带符号的 2 字节整数
    ! DInt: 带符号的 4 字节整数
    ! Float: 4 字节的实数
    ! SINT: 带符号的 1 字节整数
    VAR dnum result;
    VAR rawbytes rawbyte1;
    ClearRawBytes rawbyte1;

    IF Present(float) THEN
        ! 如果选择了可选参数 Float
        PackRawBytes data, rawbyte1,1\Float4;
        ! 将数据以 Float4 形式打包至 rawbyte1 中，
        UnpackRawBytes rawbyte1,1, result\IntX: =UDINT;
        ! 将 rawbyte1 中的数据转化为 UDINT 形式，存放于 result 中
    ENDIF
    IF Present (Int) THEN
        ! 如果选择了可选参数 Int
        PackRawBytes data, rawbyte1,1\IntX: =-2;
        ! 将数据以 INT 形式打包至 rawbyte1 中
        UnpackRawBytes rawbyte1,1, result\IntX: =UINT;
        !将 rawbyte1 中的数据转化为 UDINT 形式，存放于 result 中
    ENDIF
    IF Present (DInt) THEN
        ! 如果选择了可选参数 DInt
        PackRawBytes data, rawbyte1,1\IntX: =-4;
        ! 将数据以 DINT 形式打包至 rawbyte1 中
        UnpackRawBytes rawbyte1,1, result\IntX: =UDINT;
        ! 将 rawbyte1 中的数据转化为 UDINT 形式，存放于 result 中
    ENDIF
    IF Present (SInt) THEN
        PackRawBytes data, rawbyte1,1\IntX: =-1;
        UnpackRawBytes rawbyte1,1, result\IntX: =UDINT;
    ENDIF
    setgo goutput, result;
    ! 将转化后的二进制数赋值给组输出信号 goutput
ENDPROC
```

代码 1-3 所示举例说明如何使用上述自定义指令与函数通过总线发送/接收数据。

代码 1-3

```
reg1: =getdata (\DInt, ginall);
! ginall 为 32 位的组输入信号，机器人接收由 PLC 端发送的 DINT 类型的数据
setdata\DInt, goutall, reg1;
```

! 机器人将 reg1 数据以 DINT 形式转化并赋值给组输出信号 goutall

reg1: =getdata(\Int, ginall);
! ginall 为 16 位的组输入信号，机器人接收由 PLC 端发送的 INT 类型的数据（16 位有符号数据）
setdata\INT, goutall, reg1;

reg1: =getdata (\Float, ginall);
! ginall 为 32 位的组输入信号，机器人接收由 PLC 端发送的 REAL 类型的数据
setdata\Float, goutall,reg1;
! 机器人将 reg1 数据以实数 Float 形式转化并对组输出信号 goutal 赋值1

reg1: =getdata (\SINT ,ginall);
! ginall 为 8 位的组输入信号，机器人接收由 PLC 发送的 SINT 类型的数据（8 位带符号数据）
setdata\SINT,goutall,reg1;

在使用以上代码前，需要先在机器人的控制器中创建对应的组输出信号和组输入信号：

（1）针对 DINT 类型的数据，在 I/O 信号配置处创建组输入/组输出信号，长度为 32 位。例如，Device Mapping 地址为"0-31"（若遇到西门子等 PLC 端存在高低字节颠倒问题，则 Device Mapping 的写法为"24-31,16-23,8-15,0-7"，如图 1-7 所示）。

（2）针对 INT 类型的数据，在 I/O 信号配置处创建组输入/组输出信号，长度为 16 位。例如，Device Mapping 地址为"0-15"（若遇到西门子等 PLC 端存在高低字节颠倒问题，则 Device Mapping 写的法为"8-15,0-7"）。

（3）针对 FLOAT/REAL 类型的数据，在 I/O 信号配置处创建组输入/组输出信号，长度为 32 位。例如，Device Mapping 地址为"0-31"（若遇到西门子等 PLC 端存在高低字节颠倒问题，则 Device Mapping 的写法为"24-31,16-23,8-15,0-7"，如图 1-7 所示）。

（4）针对 SINT 类型的数据，在 I/O 信号配置处创建组输入/组输出信号，长度为 8 位。例如，Device Mapping 地址为"0-7"。

图 1-7　组输入/组输出信号高低字节颠倒问题的处理方法

1.2 机器人控制器变身交换机

ABB 工业机器人控制器有若干网口,如图 1-8 所示,网口名称及其功能如表 1-4 所示。网口 X2（Service）、X3（LAN1）和 X4（LAN2）属于 Private Network（专用网络）段。根据配置的不同,X5（LAN3）网口也可能属于 Private Network 段的一部分。多个机器人控制器的 Private Network 段是无法彼此连接的。

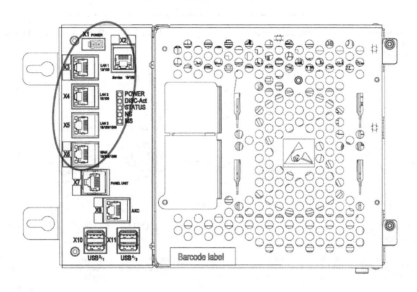

图 1-8 ABB 工业机器人控制器

表 1-4 ABB 工业机器人控制器的网口名称及其功能

标　签	名　称	功　能
X2	Service Port	服务端口，IP 固定：192.168.125.1，可以使用 RobotStudio 等软件连接
X3	LAN1	连接示教器
X4	LAN2	通常内部使用，如连接 I/O 模块 DSQC1030 等
X5	LAN3	可以配置为 PROFINET/EtherNetIP/普通 TCP/IP 等通信口 或者作为专用网络的一部分
X6	WAN	可以配置为 PROFINET/EtherNetIP/普通 TCP/IP 等通信口
X7	PANEL UNIT	连接控制柜内的安全板
X9	AXC	连接控制柜内的轴计算机

ABB 工业机器人控制器的网络与网口解释如图 1-9 所示,预定义的 IP 地址如表 1-5 所示。

X5（LAN3）网口被默认配置成一种孤立网络,从而使机器人控制器能够与外部网络相连。控制着若干个机器人控制器的可编程逻辑控制器（PLC）可以连接 LAN3 网口。

X6（WAN）网口属于 Public Network（公用网络）段,以便于机器人控制器连接某种外部网络（厂方网络）。

Public Network 段通常用于：
- 连接一台正在运行 RobotStudio 的 PC；
- 使用 FTP 客户端；
- 挂载控制器的 FTP 或 NFS 磁盘；
- 运行基于以太网的现场总线。

X9（AXC）网口始终与轴计算机相连。如果使用了 MultiMove，AXC 就会与连接所有轴计算机的某台交换机相连。

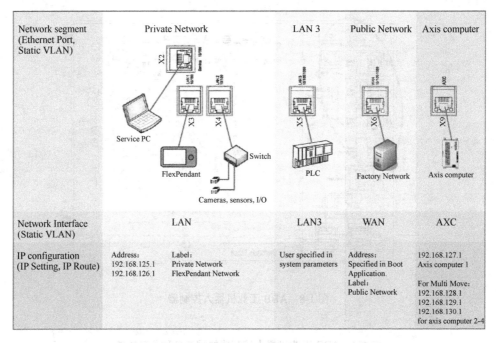

图 1-9　ABB 工业机器人控制器的网络与网口解释

表 1-5　预定义的 IP 地址

IP 地址范围	网　　络
192.168.125.0～255	专用（Private）网络
192.168.126.0～255	FlexPendant 示教器网络（和专用网络同处一个网段）
192.168.127.0～255	轴计算机 1
192.168.128.0～255	轴计算机 2（与轴计算机 1 同处一个网段） 仅用于使用了选项 MultiMove 之时
192.168.129.0～255	轴计算机 3（与轴计算机 1 同处一个网段） 仅用于使用了选项 MultiMove 之时
192.168.130.0～255	轴计算机 4（与轴计算机 1 同处一个网段） 仅用于使用了选项 MultiMove 之时

X5（LAN3）网口被默认配置成一种孤立（Isolated）网络。此时若机器人有 PROFINET 选项，则可以在"控制面板"-"配置"-"Communication"-"IP Setting"-"PROFINET Network"下配置机器人的 IP 地址，并选择"Interface"为"LAN3"（如图 1-10 所示）。

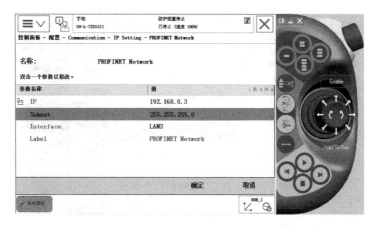

图 1-10　配置 PROFINET 到 LAN3 网口

现场若有 PLC 和机器人，以及一块下挂在 PLC 下的远程 I/O 模块，则其拓扑结构如图 1-11 所示。由于使用了 LAN3 网口接入 PROFINET 网络（此时 LAN3 网口是孤立网络），所以需要增加一个交换机完成实际接线，如图 1-12 所示。

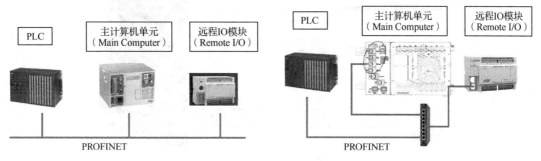

图 1-11　PROFINET 网络的拓扑结构　　　　图 1-12　使用 LAN3 网口（孤立网络）
　　　　　　　　　　　　　　　　　　　　　　　　　　接入 PROFINET 网络

也可将 X5（LAN3）网口配置成为属于 Private Network 段的一部分。此时服务（Service）端口、LAN1、LAN2 和 LAN3 便属于同一个网络，均充当同一交换机的不同端口，如图 1-13 所示。

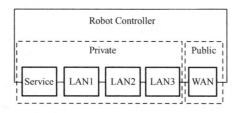

图 1-13　LAN3 网口作为 Private Network 段的一部分

要将 X5（LAN 3）网口配置成为属于 Private Network 段的一部分，可以通过进入"控制面板"-"配置"-"Communication"-"Static VLAN"，选择"X5"，并将其"Interface"设置为"LAN"（默认为 LAN3）完成，如图 1-14～图 1-16 所示。

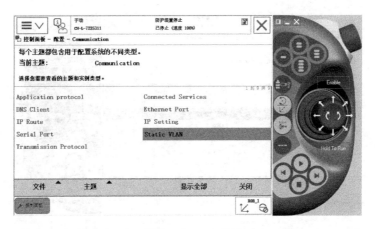

图 1-14 "控制面板"-"配置"-"Communication"-"Static VLAN"

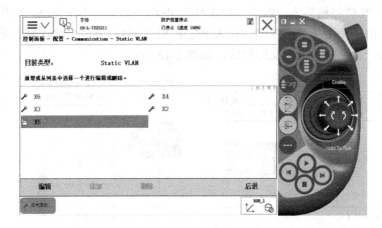

图 1-15 选择"X5"

图 1-16 将"Interface"设置为"LAN"

要完成图 1-11 的 PROFINET 网络拓扑，可以按照图 1-17 进行连接（PLC 连接至机器人控制器的 LAN2 网口，机器人控制器的 LAN3 网口与远程 I/O 模块连接）。此时 LAN2 网口和 LAN3 网口均作为同一交换机的不同网口。对机器人在 PROFINET 网络的 IP 地址的设定，如图 1-18 所示。

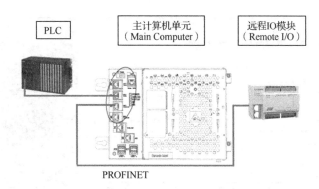

图 1-17 LAN3 与 LAN2 均属 Private Network 段

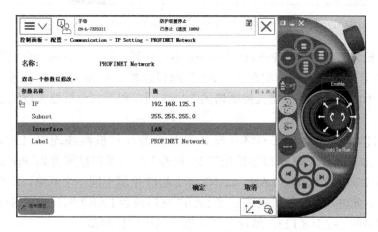

图 1-18 设置 PROFINET 网络到 LAN 网口

若机器人使用 Ethernet/IP 工业总线（机器人需要有 841-1 EtherNet/IP Scanner/Adapter 选项）完成图 1-19 所示的 Ethernet/IP 工业总线的网络连接，则需要将 LAN3 网口设置为 Private 网络。此时 LAN2 网口和 LAN3 网口均作为同一交换机的不同网口。对于"控制面板"-"配置"-"I/O"-"Industrial Network"-"EtherNetIP"的"Connection"设定，如图 1-20 所示。此时通过 PLC 连接机器人的 Ethernet/IP 网络地址为 192.168.125.1。

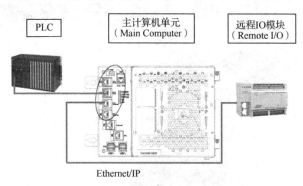

图 1-19 Ethernet/IP 工业总线的网络连接

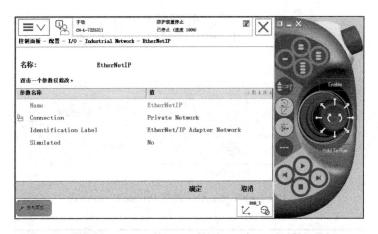

图 1-20　设置 EtherNetIP 的"Connection"为"Private Network"

注：两台机器人控制器的 Private Network 不可互联，即不能将第一台机器人控制器的 LAN2 网口和第二台机器人控制器的 LAN2 网口连接。如果 LAN3 被设置为"Private Network"，也不能将第一台机器人控制器的 LAN3 网口和第二台机器人控制器的 LAN2 网口连接。

LAN3 网口被配置为孤立网络（默认）时，若计算机网线连接 LAN3 网口，则 RobotStudio 无法通过 LAN3 网口连接控制器。但若 LAN3 网口被配置为"Private Network"，此时服务端口（Service Port）、LAN、LAN2 和 LAN3 便属于同一个网络，均充当同一交换机的不同网口。此时，将计算机网线连接 LAN3 网口或者 LAN2 网口或者 Service Port，连接机器人控制器的 192.168.125.1 地址，便可以顺畅访问控制器。

1.3　实时发送机器人的位置

PLC 希望实时获取机器人当前的位置（如 0.2s 刷新一次数据，如图 1-21 所示），如何快速实现呢？

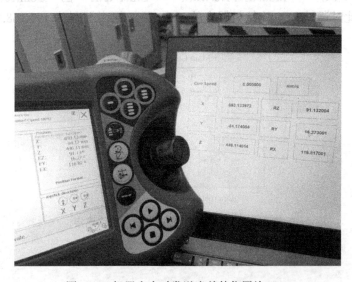

图 1-21　机器人实时发送当前的位置给 PLC

机器人的位置分为笛卡儿空间的点位数据（XYZ,ABC）和 6 个轴角度的点位数据（a1～a6）。机器人的位置信息均为实数，可以采用 1.1 节所述的方法，通过总线发送实数。也可将所有数据放大 1000 倍，转化为整数，通过总线发送 DINT 类型的数据（带符号整数）。下面举例说明机器人如何发送 DINT 类型的数据。

假设需要发送的机器人数据是笛卡儿空间类型的点位，则：

（1）在机器人控制器中创建 6 个组输出信号，每个信号占用 32 位（bit），共 4 字节，具体设置如表 1-6 所示。组输出信号配置完成后的效果如图 1-22 所示。

表 1-6 组输出信号的具体设置

信号名称	信号类型	所属设备	地址
g_pos_x	Group Output	PN_Internal_Device	32～63
g_pos_y	Group Output	PN_Internal_Device	64～95
g_pos_z	Group Output	PN_Internal_Device	96～127
g_pos_rx	Group Output	PN_Internal_Device	128～159
g_pos_ry	Group Output	PN_Internal_Device	160～191
g_pos_rz	Group Output	PN_Internal_Device	192～223

名称	类型	值	最小值	最大值	已仿真	网络	设备	设备映射
g_pos_rx	GO	0	0	4294967295	否	PROFINET	PN_Internal_Device	128-159
g_pos_ry	GO	0	0	4294967295	否	PROFINET	PN_Internal_Device	160-191
g_pos_rz	GO	0	0	4294967295	否	PROFINET	PN_Internal_Device	192-223
g_pos_x	GO	0	0	4294967295	否	PROFINET	PN_Internal_Device	32-63
g_pos_y	GO	0	0	4294967295	否	PROFINET	PN_Internal_Device	64-95
g_pos_z	GO	0	0	4294967295	否	PROFINET	PN_Internal_Device	96-127

图 1-22 组输出信号设置完成后的效果

（2）在 ABB 工业机器人的 RAPID 编程中，通过函数 CRobt() 获取当前机器人的笛卡儿空间位置。

（3）通过创建定时中断的方式定时读取当前机器人的位置，并将相关数据通过组输出信号发送给 PLC。

实现以上功能的机器人代码如代码 1-4 所示。

代码 1-4

```
VAR intnum intno1;
PROC init1()
    IDelete intno1;
    CONNECT intno1 WITH get_pos;
    ITimer 0.2, intno1;
    ! 创建间隔为 0.2s 的中断
ENDPROC

PROC main()
    ! 主循环
    init1;
    WHILE TRUE DO
```

```
        Mainroutine;
    ENDWHILE
ENDPROC

TRAP get_pos
    VAR robtarget ptmp: = [[0,0,0], [1,0,0,0],[0,0,0,0],[9E9,9E9,9E9,9E9,9E9,9E9]];
    VAR num rx;
    VAR num ry;
    VAR num rz;
    ptmp: =CRobt ();
    ! 获取当前机器人的位置
    rx: =eulerzyx (\X, ptmp.rot);
    ry: =eulerzyx (\Y, ptmp.rot);
    rz: =eulerzyx (\Z, ptmp.rot);
    ! 将四元数转化为欧拉角
    setdata\DINT, g_pos_x, round(1000*ptmp. trans.x);
    ! 将得到的数据放大 1000 并取整,以带符号的 DINT 形式打包并转化为 DWORD 形式
    ! setdata 实现方式参见 1.1 节的内容
    setdata\ DINT, g_pos_y, round (1000*ptmp. trans. y);
    setdata\ DINT, g_pos_z, round (1000*ptmp. trans. z);
    setdata\ DINT, g_pos_rx, round(1000*rx);
    setdata\ DINT, g_pos_rY, round(1000*ry);
    setdata\ DINT, g_pos_rZ, round(1000*rz);
ENDTRAP
```

(4) 使用函数 CJointT()获取当前机器人各关节角度的位置。

(5) 在 PLC 端创建变量并编写处理程序。此处举例使用 CODESYS V3.5 SP9,机器人与 PLC 使用 PROFINET 总线进行通信。

(6) 进入 CODESYS 软件,在"工具"-"设备库"中添加 ABB 工业机器人的 PROFINET GSDML,如图 1-23 所示。

图 1-23　导入 ABB 工业机器人的 PROFINET GSDML 文件

(7)在图 1-24 中,鼠标右键单击"Device(CODESYS Control Win V3)",添加 PROFINET 工业总线和 ABB 工业机器人从站模块。

图 1-24 在 CODESYS 中添加 PROFINET 工业总线和 ABB 工业机器人从站模块

（8）在 PLC 端的程序中，创建代码 1-5 中的若干变量来获取机器人的位置数据。

代码 1-5

```
PosX: REAL;
PosY: REAL;
PosZ: REAL;
PosRZ: REAL;
PosRY: REAL;
PosRX: REAL;
```

（9）在 PLC 端，对接收到的数据进行处理，如代码 1-6 所示。

代码 1-6

```
PosX: =DWORD_TO_DINT(%ID1)/1000.0;
//机器人侧配置的 g_pos_x 信号地址为 32～63，对应 CODESYS 侧的 dWord1
//由于收到的数据已经放大 1000 倍，所以此处除以 1000
//除以 1000.0，则将数据从整型转化为 REAL 类型
PosY: =DWORD_TO_DINT(%ID2)/1000.0;
PosZ: =DWORD_TO_DINT(%ID3)/1000.0;
PosRX: =DWORD_TO_DINT(%ID4)/1000.0;
PosRY: =DWORD_TO_DINT(%ID5)/1000.0;
PosRZ: =DWORD_TO_DINT(%ID6)/1000.0;
```

（10）启动 PC 的 CODESYS Control Win V3 SysTray，如图 1-25 所示。下载编写好的 PLC 端的程序，并启动运行 PLC。此时可以看到 CODESYS 的 PN 总线通信正常，如图 1-26 所示。

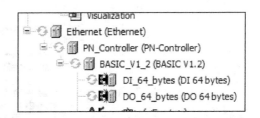

图 1-25　CODESYS Control Win V3 SysTray　　图 1-26　CODESYS 与机器人 PROFINET 通信正常

（11）机器人运行程序后，在 PLC 侧可以看到如图 1-27 所示的机器人实时数据。此时机器人当前的位置如图 1-28 所示。

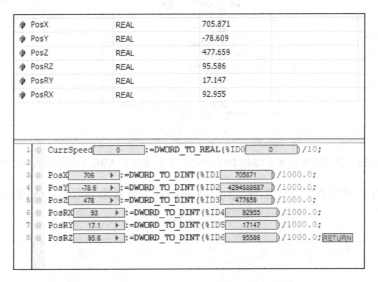

图 1-27　CODESYS 正常读取机器人当前的位置

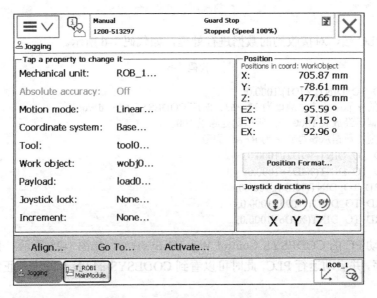

图 1-28　机器人实际当前的位置

1.4 实时发送机器人速度

1.4.1 速度输出

PLC 希望实时获取当前机器人的实际运行速度，以便做数据记录和在 HMI 显示。

ABB 工业机器人系统输出提供 TCP Speed 相关输出信号的配置，该信号反映机器人的实时速度变化，单位为 m/s。注意，该信号为模拟量输出信号，所以需要先在机器人侧创建一个模拟量输出信号。具体实现如下所示。

（1）在机器人"控制面板"-"配置"-"I/O"中创建一个模拟量输出信号，关联至某个 I/O 设备（如图 1-29 中的 PN_Internal_Device）。

（2）机器人的运行速度通常不会超过 6000 mm/s，为提高显示精度，可保留一位小数。由于发送的组输出必须是整数，所以可以将速度放大 10 倍输出，即若机器人的速度为 1000 mm/s，则发送组输出数据为 10000。

（3）由于 TCP Speed 的输出速度单位是 m/s，故在图 1-29 中将最大逻辑值设置为 6，最大比特值设置为 60000，即当 TCP Speed 的输出速度为 6m/s 时，对应的组输出为 60000。

图 1-29 模拟量输出信号

（4）采用 16 位数据就可以表示 0~65535，故此处配置的信号占用 16 位地址。Device Mapping 可以设置为"0-15"（若 PLC 端是西门子 PLC 等，考虑到大小字节的颠倒问题，Device Mapping 设置为"8-15,0-7"）。

（5）在"控制面板"-"配置"-"I/O"-"Signal"的"System Output"中，进行如图 1-30 所示的配置，将之前创建的模拟量输出信号 ao_speed 关联到系统输出状态 TCP_Speed 上。

图 1-30　将模拟量输出信号 ao_speed 关联到系统输出状态 TCP Speed 上

（6）PLC 端对接收到的数据进行相应处理，如图 1-31 所示，即可实时获取机器人当前的运行速度。

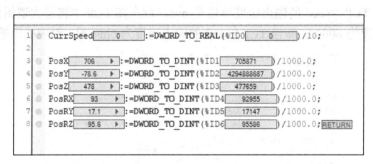

图 1-31　CODESYS 读取机器人当前的运行速度

1.4.2　在 RobotStudio 中监控速度

机器人可以通过系统输出状态 TCP Speed 输出机器人当前的运行速度。如何通过 RobotStudio 软件在线监视机器人的 TCP 线性速度、角速度、加速度和位置坐标等信息，并图形化显示，最后生成记录文件？可以利用 RobotStudio 中的信号分析器实现。对于仿真模式，相关设置在 RobotStudio 的"仿真"标签下，如图 1-32 所示；对于连接真实机器人，相关图标在"控制器（C）"标签下，如图 1-33 所示。

图 1-32　仿真环境下使用"信号分析器"

（1）若在仿真环境下使用，则勾选图 1-32 中的"启用"，并单击"信号设置"图标。

（2）若要监测 TCP 速度，则勾选图 1-34 中的"当前 Wobj 中的速度"；若要同时监测机器人的姿态速度（角速度），可以勾选"当前 Wobj 中的定向速度"。

图 1-33 连接真实机器人环境下使用"在线信号分析器"

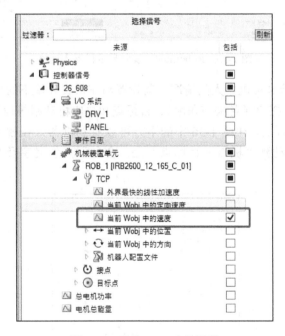

图 1-34 当前 Wobj 中的速度

(3)单击图 1-32 中的"信号分析器"图标,可以看到"信号分析器"界面。若希望同时看到机器人模型和"信号分析器"界面,可用鼠标右键单击"信号分析器",然后选择"新垂直标签组",如图 1-35 所示。

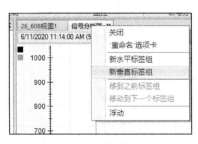

图 1-35 同时打开两个窗口

（4）单击"仿真"标签下的"播放"按钮，启动仿真。此时可以看到 RobotStudio 实时显示机器人的速度，如图 1-36 所示。

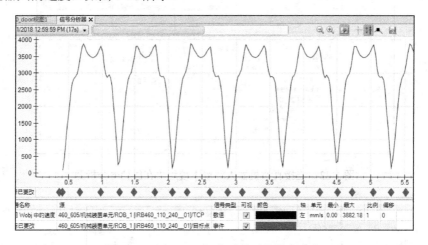

图 1-36　RobotStudio 实时显示机器人速度

（5）对于 PC 连接真实机器人的情况，其设置与在仿真环境下的设置相同。

（6）加入对 I/O、接点（各关节角度）、目标点和总电机功率等信息的监控，如图 1-37 所示。机器人启动运行后，在图 1-36 中的下方可以看到机器人在哪个时间走到哪个目标位置。将鼠标指针移动到"机器人目标点"上，会显示点位名字及具体引用代码的位置等信息。

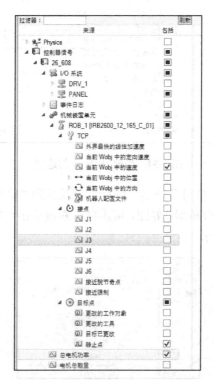

图 1-37　设置监控的其他参数

（7）停止监控后，可在图 1-38 所示的界面中选择查看历史数据，或者保存数据。

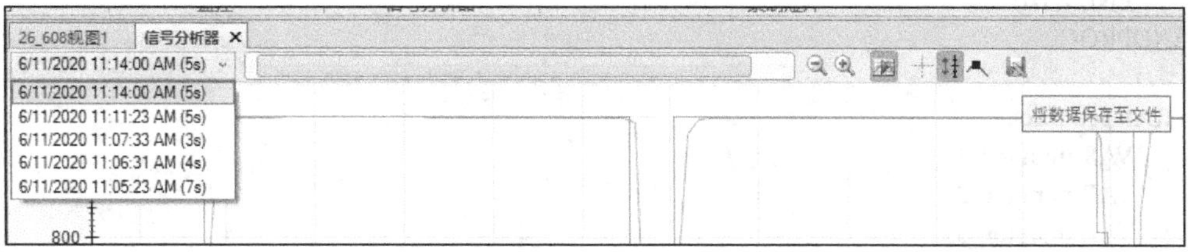

图 1-38 选择查看历史数据和保存数据

1.5 PLC 读取机器人的各轴扭矩

PLC 希望实时获取机器人各轴的扭矩数据。ABB 工业机器人并未像 TCP Speed 那样提供系统输出信号来输出机器人的扭矩数据。但 ABB 工业机器人提供了 GetMotorTorque() 函数，可以获取指定轴的当前扭矩（单位为 N·m）。也可使用指令 GetJointData 1\Position: =reg1\Speed:=reg2\Torque:=reg3 来获取指定轴的当前角度、速度和扭矩等信息，并存储至指定变量中。

若要机器人实时发送当前各轴的扭矩，可以参考 1.2 节机器人发送当前位置的方法，采用定时中断，在中断内读取并发送当前各轴的扭矩数据给 PLC。具体实现如下所示。

（1）在机器人端创建 6 个扭矩组输出信号，每个信号占用 32 位（4 字节），具体设置如表 1-7 所示（若遇到西门子 PLC，要注意高低字节的颠倒问题）。

表 1-7 扭矩组输出信号的具体设置

信号名称	信号类型	所属设备	地址
g_torque_1	Group Output	PN_Internal_Device	32～63
g_torque_2	Group Output	PN_Internal_Device	64～95
g_torque_3	Group Output	PN_Internal_Device	96～127
g_torque_4	Group Output	PN_Internal_Device	128～159
g_torque_5	Group Output	PN_Internal_Device	160～191
g_torque_6	Group Output	PN_Internal_Device	192～223

（2）机器人端的代码如代码 1-7 所示。

代码 1-7

```
VAR intnum intno1;
PROC init1()
    IDelete intno1;
    CONNECT intno1 WITH get_torque;
    ITimer 0.2, intno1;
ENDPROC

PROC main ()
    init1;
    WHILE TRUE DO
```

```
        ! running routine;
    ENDWHILE
ENDPROC

TRAP get_torque
    VAR num tor_1;
    VAR num tor_2;
    VAR num tor_3;
    VAR num tor_4;
    VAR num tor_5;
    VAR num tor_6;

    tor_1: =getmotortorque (1);
    tor_2: =getmotortorque (2);
    tor_3: =getmotortorque (3);
    tor_4: =getmotortorque (4);
    tor_5: =getmotortorque (5);
    tor_6: =getmotortorque (6);
    ! 获取各轴的扭矩数据
    setdata\Float, g_torque_1,tor_1;
    ! 将 1 轴的扭矩数据通过 setdata 指令以 Float 的形式转化为二进制并发送组输出
    ! setdata 的实现方式参见 1.1 节的内容
    setdata \DINT, g_torque_2, tor_2;
    setdata\DINT, g_torque_3, tor_3;
    setdata\DINT, g_torque_4, tor_4;
    setdata\DINT, g_torque_5, tor_5;
    setdata\DINT, g_torque_6, tor_6;
ENDTRAP
```

（3）若机器人有 623-1 Multitasking（多任务）选项，也可在机器人的后台程序中创建读取扭矩的相关代码，并实时发送机器人的扭矩数据给 PLC。

1.6 发送机器人错误号

PLC 希望在机器人发生错误时得到机器人的具体报警代码，如何实现呢？

若只是希望机器人在发生错误时给出一个 DO 信号告知 PLC，则可以在机器人系统中创建一个 DO 信号，并关联至系统输出状态 Execution Error，如图 1-39 所示。

若希望机器人输出具体的错误号，则可以利用 IError（由错误触发的中断）来实现。

执行中断的前提是机器人程序在运行。若机器人发生错误，则机器人程序停止运行，也就意味着相关中断程序会停止运行。为解决这个问题，机器人需要使用 623-1 Multitasking（多任务）选项并创建后台程序。后台程序在调试完毕后设为 SemiStatic 状态（后台程序会在开机后自启动）。这样前台程序出错只会导致前台程序停止，但不影响后台程序运行。后台程序捕获 IError 触发的中断并做相应处理，将错误号通过组输出发送给 PLC。

发送机器人错误号的具体实现如下所示。

（1）机器人需要有 623-1 Multitasking 选项，如图 1-40 所示。对于仿真机器人，若无此选项，可以单击"控制器"标签下的"修改选项"（如图 1-41 所示），增加此仿真选项。

（2）进入机器人示教器的"控制面板" - "配置" - "Controller" - "Task"。

（3）如图 1-42 所示，新建后台任务 t_back，并将其"Type"暂时设为"Normal"（只有"Type"为"Normal"的任务才能编程）。程序编写完毕并测试通过后再设为"SemiStatic"（开机后自启动）。

图 1-39　通过 DO 信号输出机器人的错误状态

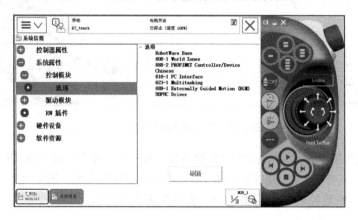

图 1-40　机器人有 623-1 Multitasking 选项

图 1-41　仿真机器人的"修改选项"

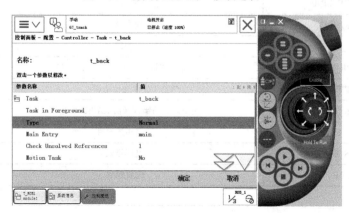

图 1-42　新建后台任务 t_back

(4) 重启机器人，使得新建的后台任务 t_back 生效。

(5) 使用组输出信号发送错误号（错误号均为正整数），具体实现如下所示。

① 进入示教器的"控制面板"-"配置"-"I/O"-"Signal"。

② 创建测试信号 go_err1，将其"Type of Signal"设为"Group Output"，如图 1-43 所示。

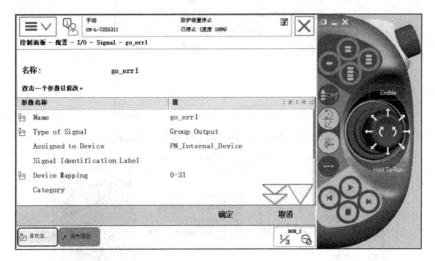

图 1-43　创建组输出信号 go_err1

③ 通过设置指令来启动对错误中断的监控，即"IError COMMON_ERR, TYPE_ERR, err_interrupt;"。其中，COMMON_ERR 为中断监控的错误域，错误域如表 1-8 所示；TYPE_ERR 为中断监控的错误类型，错误类型如表 1-9 所示。

表 1-8　错误域

名　称	错　误　域	值
COMMON_ERR	所有错误和状态变更域	0
OP_STATE	操作状态变更	1
SYSTEM_ERR	系统错误	2
HARDWARE_ERR	硬件错误	3
PROGRAM_ERR	程序错误	4
MOTION_ERR	运动错误	5
OPERATOR_ERR	运算符错误（已废弃，不再使用）	6
IO_COM_ERR	I/O 和通信错误	7
USER_DEF_ERR	用户定义的错误（由 RAPID 引起）	8
SAFETY_ERR	安全相关事件	9
PROCESS_ERR	过程错误	11
CFG_ERR	配置错误	12

表1-9 错误类型

名 称	错 误 类 型	值
TYPE_ALL	任意类型的错误（状态变更、警告和错误）	0
TYPE_STATE	状态变更（操作消息）	1
TYPE_WARN	警告（例如RAPID可恢复错误）	2
TYPE_ERR	Error	3

④ 在机器人中断代码内，通过指令"GetTrapData err_data"获取错误数据。

⑤ 在中断代码内，可以使用代码1-8中所示的指令。

代码1-8

```
ReadErrData err_data,err_domain,err_number,err_type;
! 获取错误数据的错误域并存放到err_doamin,
! 获取错误数据的错误号并存放到err_number,
! 获取错误数据的错误类型并存放到err_type。
```

机器人有时出现一次错误会触发多个报警。例如，"1/0"这类除零错误，除了会触发"40194"值错误外，还会触发"40228"执行错误，如图1-44所示。其实有效信息只是第一条"40194"错误，故在中断内，可以只对每次IError引发的第一个中断发送组输出错误号。

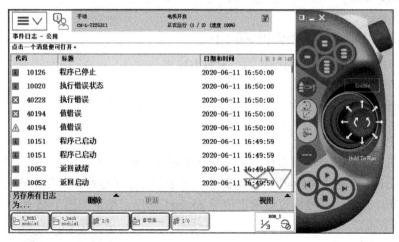

图1-44 一个错误会同时触发多个报错

（6）在t_back任务里添加代码1-9。

代码1-9

```
VAR intnum err_interrupt;
VAR trapdata err_data;
VAR errdomain err_domain;
VAR num err_number;
VAR errtype err_type;
VAR num count;

PROC main ()
```

```
    count: =0;
    IDelete err_interrupt;
    CONNECT err_interrupt WITH trap_err;
    IError COMMON_ERR, TYPE_ERR,err_interrupt;
    WHILE TRUE DO
        count: =0;
        ! 将计数清零，用于记录每次 IError 引发的中断数量
        waittime 0.5;
    ENDWHILE
ENDPROC

TRAP trap_err
    VAR num err_out;
    GetTrapData err_data;
    ReadErrData err_data,err_domain,err_number,err_type;
    ! 获取错误数据
    ! err_domain no 1 ... 11
    ! error no 1 ...999
    ! 错误号由 err_domain*10000+err_number 构成
    err_out: =err_domain*10000+err_number;
    IF count=0 SetGO go_err1, err_out;
    count: =count+1;
    !如果是第一个错误，输出对应的错误号
    TPWrite "error";
ENDTRAP
```

（7）在机器人前台任务中添加代码 1-10。

代码 1-10

```
PROC main ()
    waittime 1;
    reg1:=1/0;
ENDPROC
```

此时若机器人同时启动前台任务和后台任务程序，则前台任务程序由于"reg1:=1/0"会引发计算错误，产生"40194"错误报警号并停止前台程序运行。后台任务程序捕获该错误引发的中断，并将错误号通过组输出信号 go_err1 输出，结果如图 1-45 所示。

图 1-45　组输出信号 go_err1 输出错误代码

1.7 ModBus/TCP

ModBus 通信协议由 MODICON 公司于 1979 年开发,是一种工业现场总线协议标准。1996 年施耐德公司推出基于以太网 TCP/IP 的 ModBus 协议 ModBus/TCP,采用 Master/Slave 方式通信。

ABB 工业机器人并没有提供标准的 ModBus/TCP 相关函数,但 ModBus/TCP 基于以太网协议,其可以使用普通的 TCP/IP 完成 ModBus/TCP 通信。ABB 工业机器人可以使用 Socket 的相关收发指令,结合 ModBus 的相关定义对数据进行预处理,完成与其他设备的 ModBus/TCP 通信。

要使用 Socket 相关语句,ABB 工业机器人需要有 616-1 PC Interface 选项,如图 1-46 所示。

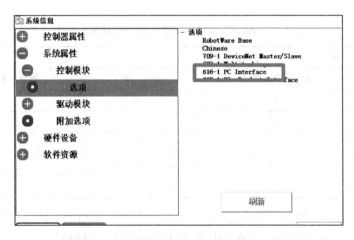

图 1-46 机器人的 616-1 PC Interface 选项

设备与设备之间的 ModBus/TCP 通信,需要通过事先定义好的功能码来实现具体功能,这些功能码如表 1-10 所示(使用十六进制表示)。

表 1-10 功能码

功能码	中文名称	寄存器 PLC 地址	位操作/字操作	操作数量
01H	读线圈状态	00001~09999	位操作	单个或多个
02H	读离散输入状态	10001~19999	位操作	单个或多个
03H	读保持寄存器	40001~49999	字操作	单个或多个
04H	读输入寄存器	30001~39999	字操作	单个或多个
05H	写单个线圈	00001~09999	位操作	单个
06H	写单个保持寄存器	40001~49999	字操作	单个
0FH	写多个线圈	00001~09999	位操作	多个
10H	写多个保持寄存器	40001~49999	字操作	多个

ModBus/TCP 数据帧解释如表 1-11 所示。

表 1-11 ModBus/TCP 数据帧解释

事务处理标识	协议标识	长度	单元标识符	功能码	数据
2 字节	1 字节	2 字节	1 字节	1 字节	N 字节

事务处理标识：一般每次通信之后就要加 1，以区别不同的通信数据报文。

协议标识符：00 00 表示 ModBus/TCP 协议。

长度：表示接下来的数据长度，单位为字节。

单元标识符：设备地址。

1.7.1 读取数据

以下举例说明机器人如何向 PLC 请求读取地址为 20～38 的线圈状态。ModBus/TCP 读取数据时的请求与响应如表 1-12 所示。

表 1-12 ModBus/TCP 读取数据时的请求与响应

请求		响应	
域 名	数据（十六进制）	域 名	数据（十六进制）
功能	01	功能	01
起始地址 Hi	00	字节数	03
起始地址 Lo	14	输出状态 27～20	CD
读取数量 Hi	00	输出状态 35～28	6B
读取数量 Lo	13	输出状态 38～36	05

根据前文所述，机器人需要发送的数据（加粗部分为发送的具体数据）如下：

0x00,0x01,0x00,0x00,0x00,0x06,0x01,**0x01,0x00,0x14,0x00,0x13**

（1）第 1 和第 2 字节：事务处理标识，PLC 会返回相同值。

（2）第 3 和第 4 字节：00,00 表示 Modbus/TCP 协议。

（3）第 5 和第 6 字节：表示从第 7 字节开始的总共字节数。

（4）第 7 字节：设备地址 1。

（5）第 8 字节：功能码，此处请求读取线圈状态，故为 0x01。

（6）第 9 和第 10 字节：待读取数据的起始地址为 20，对应十六进制 0x14。

（7）第 11 和第 12 字节：从起始地址开始的线圈个数共 19 个，对应十六进制 0x13。

可以利用 ModBusSlave 软件进行仿真测试。单击该软件的"SetUp"按钮，设置"Slave ID"为 1，要读取的线圈起始地址"Address"为 20，数量"Quantity"为 19，如图 1-47 所示。

如图 1-48 所示，根据前文所述，设置地址 20～38 的线圈值如下：

27～20:0XCD，35～28:0X6B，38～36:0X05

机器人向 PLC 发送数据"0x00,0x01,0x00,0x00,0x00,0x06,0x01,**0x01,0x00,0x14,0x00,0x13**"后，会接收到如下信息：

0x00,0x01,0x00,0x00,0x00,0x06,0x01,**0x01,0x03,0xCD,0x6B,0x05**

（1）第 1 到第 7 字节：同前文中的发送部分。

(2) 第 8 字节：功能为读取线圈。

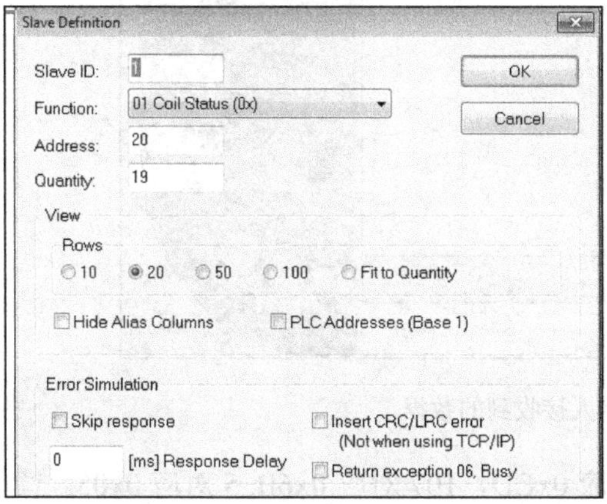

图 1-47　设置 ModBus/TCP 相关信息 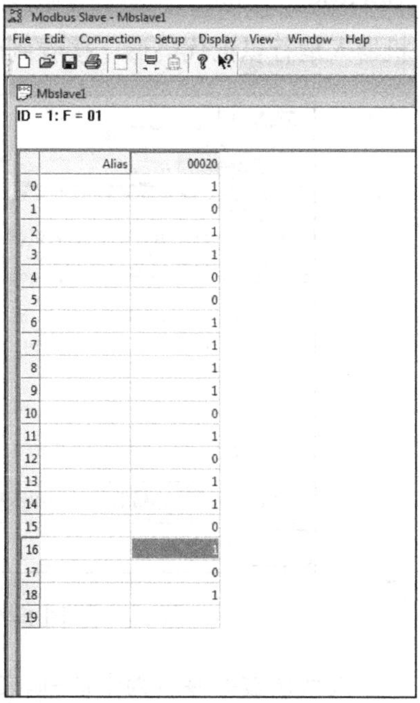　　图 1-48　设置地址 20～38 的线圈值

(3) 第 9 字节：0x03 表示从第 10 字节开始的字节数。
(4) 第 10 字节：地址 27～20 的线圈值为 11001101（0xCD）。
(5) 第 11 字节：地址 35～28 的线圈值为 01101011（0x6B）。
(6) 第 12 字节：地址 43～36 的线圈值为 00000101（0x05）。

为实现基于 ModBus/TCP 通信的数据读取，编写如代码 1-11 所示的机器人代码。

代码 1-11

```
VAR socketdev socket1;
PROC testModBus_Read ()
    VAR byte byte_recv {12};
        ! 接收的字节数组
    VAR byte byte_send {12};
        ! 发送的字节数组
    SocketClose socket1;
    SocketConnect socket1,"127.0.0.1",502;
        ! 创建连接，默认 ModBus/TCP 的端口号为 502
    WHILE TRUE DO
        byte_send: =[0x00,0x01,0x00,0x00,0x00,0x06,0x01,0x01,0x00,0x14,0x00,0x13];
            ! 设置要发送的数据，读取地址 20 开始的 19 个线圈值
        SocketSend socket1\Data: =byte_send;
            ! 发送数据
        SocketReceive socket1\Data: =byte_recv;
            ! 接收数据
        TPWrite "Server Wrote - "+ValToStr(byte_recv);
            ! 将接收到的数据写屏
        waittime 2;
```

ENDWHILE
ENDPROC

机器人运行以上代码后,接收到的数据如图 1-49 所示。

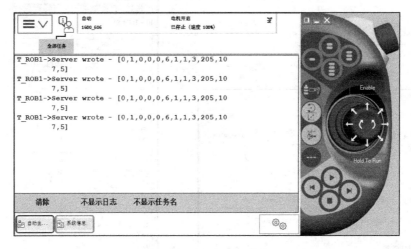

图 1-49　机器人接收到的数据

机器人默认数据显示为十进制,205 对应 0xCD,107 对应 0x6B,5 对应 0x05。读取的地址为 20~38 的线圈数据,正确。

1.7.2　写入数据

以下举例说明如何对地址为 20~29(共 10 个)的线圈值进行写入。ModBus/TCP 写入数据时的请求与响应如表 1-13 所示。

表 1-13　ModBus/TCP 写入数据时的请求与响应

请	求	响	应
域　名	数据(十六进制)	域　名	数据(十六进制)
功能	0F	功能	0F
起始地址 Hi	00	起始地址 Hi	00
起始地址 Lo	14	起始地址 Lo	14
写入数量 Hi	00	写入数量 Hi	00
写入数量 Lo	0A	写入数量 Lo	0A
后续字节数	02		
写入值字节 1	FF		
写入值字节 2	03		

根据前文所述,机器人需要发送的数据(加粗部分为机器人发送的具体内容)如下:
0x00,0x01,0x00,0x00,0x00,0x09,0x01,**0x0F,0x00,0x14,0x00,0x0A,0x02,0xFF,0x03**

(1)第 1 和第 2 字节:事务处理标识,PLC 会返回相同值。

(2)第 3 和第 4 字节:00,00 表示 ModbusTCP 协议。

(3)第 5 和第 6 字节:表示从第 7 字节开始总共的字节数。

（4）第 7 字节：设备地址 1。

（5）第 8 字节：功能码，此处请求写入线圈状态，故为 0x0F。

（6）第 9 和第 10 字节：写入数据的起始地址 20，对应十六进制 0x14。

（7）第 11 和第 12 字节：从起始地址开始的线圈个数共 10 个，对应十六进制 0x0A。

（8）第 13 字节：表示从第 14 字节开始剩余的总共字节数。

（9）第 14 和第 15 字节：具体写入的值。若 10 个线圈均设为 1，则 27～20 位 11111111 对应十六进制 0xFF，35～28 位 00000011 对应十六进制 0x03。

发送以上数据后，机器人会接收到如下数据（粗体部分为 ModBus/TCP 返回的具体内容）：
0x00,0x01,0x00,0x00,0x00,0x06,0x01,**0x0F,0x00,0x14,0x00,0x0A**

（1）第 1 到第 7 字节：与发送数据含义相同。

（2）第 8 字节：功能码，此处请求写入线圈状态，故为 0x0F。

（3）第 9 和第 10 字节：写入数据的起始地址 20，对应十六进制 0x14。

（4）第 11 和第 12 字节：从起始地址开始的线圈个数共 10 个，对应十六进制 0x0A。

为实现基于 ModBus/TCP 通信的数据写入，编写如代码 1-12 所示的机器人代码。

代码 1-12

```
PROC testModBus_Write ()
    VAR byte byte_recv {12};
    VAR byte byte_send {15};
    SocketClose socket1;
    SocketConnect socket1,"127.0.0.1",502;
        ! 创建连接，默认 ModBus/TCP 的端口号为 502
    WHILE TRUE DO
        byte_send :=[0x00,0x01,0x00,0x00,0x00,0x09,0x01,0x0F,0x00,0x14,0x00,0x0A,0x02,0xFF,0x03];
        ! 设置要写入的数据地址和具体数据
        SocketSend socket1\Data: =byte_send;
        SocketReceive socket1\Data: =byte_recv;
        TPWrite "Server Wrote - "+ValToStr(byte_recv);
        waittime 2;
    ENDWHILE
ENDPROC
```

在机器人侧运行以上代码后，可以在仿真软件看到 29～20 位均被置 1，如图 1-50 所示。

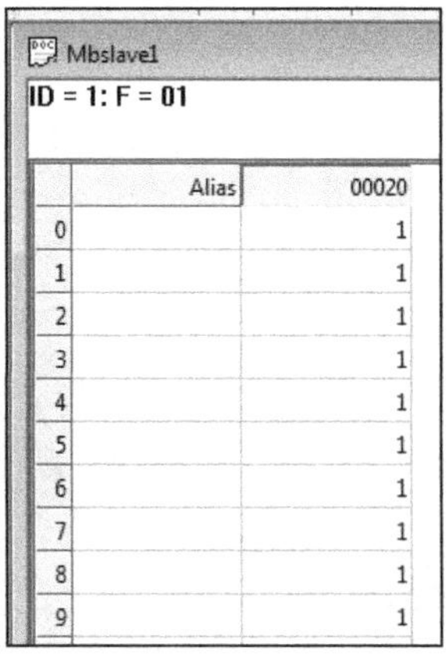

图 1-50　地址为 20～29 的线圈被置 1

机器人发送数据后,从 PLC 接收到的数据如图 1-51 所示。注意:十进制 15 对应 0x0F,十进制 20 对应 0x14,十进制 10 对应 0x0A。

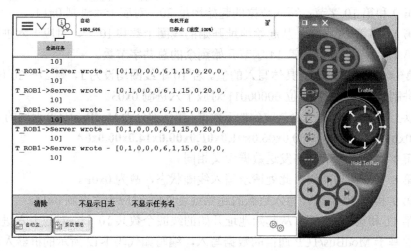

图 1-51　机器人从 PLC 接收到的数据

第 2 章 基于 Socket 通信的视觉引导抓取

2.1 Socket 通信

2.1.1 Socket 通信简介

Socket Messaging 的作用是允许 RAPID 程序员通过 TCP/IP 网络协议在各台计算机之间传输应用数据。一个套接字（Socket）代表了一条独立于当前所用网络协议的通用通信通道。"Socket 通信"是源于 Berkeley 所发布软件 UNIX 的一套标准，而除 UNIX 外，Microsoft Windows 等平台也支持该标准。有了 Socket Messaging，机器人控制器上的 RAPID 程序就能与另一台计算机上的 C/C++程序等进行通信。

ABB 工业机器人使用 Socket 通信，需要有 616-1 PC Interface 选项。在进行虚拟仿真时，请确认所建立的系统已经有 616-1 PC Interface 选项（在建立虚拟系统时，可以先勾选图 2-1 中的"自定义选项"，添加 616-1 PC Interface 选项）

图 2-1 勾选"自定义选项"

2.1.2 网络设置

Socket 通信使用普通的 TCP/IP 或者 UCP 通信协议，且通常使用机器人控制器的 WAN 网口、LAN3 网口或者 Service Port 服务端口。Service Port 服务端口的 IP 地址为 192.168.125.1，不可修改。PC 端若需要连接 Service Port 服务端口，PC 端的 IP 地址需要设置为自动获取，或者设置为 192.168.125.X 网段中的地址。

若使用 LAN3 网口进行 Socket 通信，其设置步骤如下。

（1）进入示教器的"控制面板"-"配置"-"Communication"。
（2）如图 2-2 所示，选择"IP Setting"。
（3）单击"添加"，在弹出的界面中设置 IP、Subnet 和 Interface，如图 2-3 所示。

图 2-2　选择"IP Setting"

图 2-3　设置 IP、Subnet 和 Interface

此方法设置 Socket 通信网口也适用于机器人控制器在通过 LAN3 网口与相机进行 Socket 通信的同时通过 WAN 网口与 PLC 进行 PROFINET 通信。LAN3 与 WAN 两个网口分属不同网段。

若使用 WAN 网口进行 Socket 通信，可参考上文使用 LAN3 网口时的设置方法，但通常使用以下方法。

（1）进入示教器的"重启"-"高级"，在图 2-4 中选择"启动引导应用程序"。
（2）重启之后，机器人系统进入如图 2-5 所示的界面。单击"Settings"按钮，可以设置 IP Address 和 Subnet mask 等信息，如图 2-6 所示。此处设置的 IP Address 即为 WAN 网口的 IP 地址。

图 2-4　选择"启动引导应用程序"

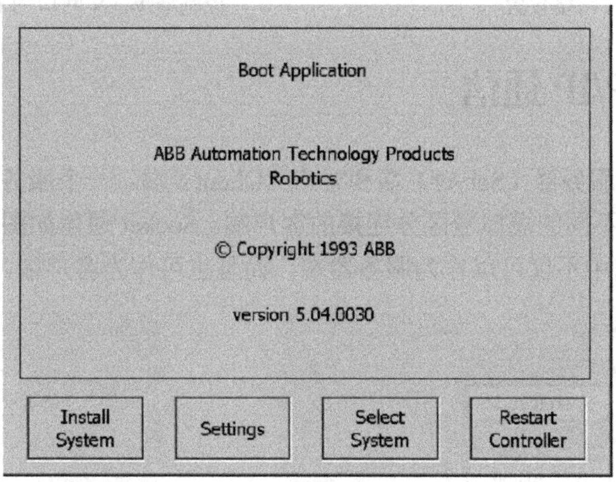

图 2-5　引导应用程序界面

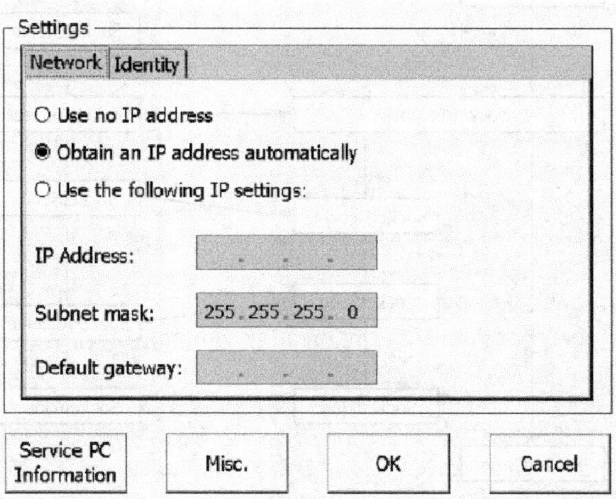

图 2-6　设置 IP Address 和 Subnet mask 等信息

WAN 网口的 IP 设置也可通过 RobotStudio 进行，具体步骤如下。

（1）PC 上的 RobotStudio 连接上机器人后，在"控制器"标签栏下进入"属性"-"网络设置"，如图 2-7 所示。

（2）根据需要设置 IP 地址，如图 2-8 所示。设置完后重启机器人即可。

图 2-7　通过 RobotStudio 对机器人进行网络设置

图 2-8　通过 RobotStudio 设置机器人控制器 WAN 网口的 IP 地址

2.2　创建 TCP/IP 通信

Socket 通信分为服务器（Server）端和客户（Client）端。一个服务器端可以连接多个客户端。服务器端通过不同的端口号区分连接的客户端。Socket 通信如图 2-9 所示。ABB 工业机器人在 Socket 通信中不仅可以作为服务器端，而且也可作为客户端。

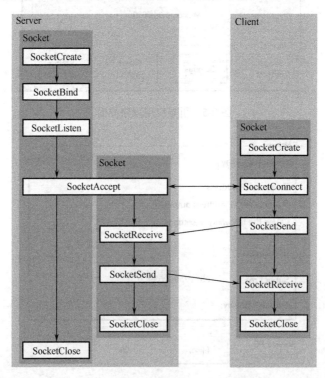

图 2-9　Socket 通信

2.2.1 创建 Client 端的实例

通常在机器人与相机等设备进行 Socket 通信时,机器人作为客户(Client)端。

(1)在 RobotStudio 中新建一个机器人系统。注意,建立系统时加入 616-1 PC Interface 选项,如图 2-10 所示。

图 2-10 添加 616-1 PC Interface 选项

(2)新建程序模块和例行程序。Socket 的相关指令均在"添加指令"-"Communicate"指令集下,如图 2-11 所示。

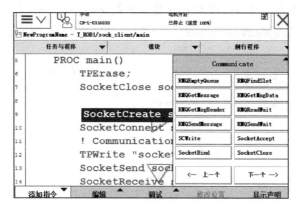

图 2-11 Socket 的相关指令

(3)在机器人 RAPID 编程中,插入如代码 2-1 所示的机器人代码作为 Socket 通信客户(Client)端的代码。

代码 2-1

```
MODULE module1
VAR Socketdev Socket1;
VAR string received_string;
PROC main ()
    SocketCreate Socket1;
    ! 创建套接字 Socket1
    SocketConnect Socket1,"127.0.0.1",8000;
    ! 建立与 Server 的连接,此处的 IP 地址和端口为 Server 的信息。
    ! 如果是计算机与另一台虚拟控制器或者测试小软件连接
    ! IP 可以设为"127.0.0.1",端口自定义,建议不要用默认的 1025
    WHILE TRUE DO
        SocketSend Socket1\Str: ="Hello server";
        ! 向 Socket1 端发送字符串"Hello server"
```

```
            SocketReceive Socket1\Str: =received_string;
            ! 从 Socket1 端接收字符串并存储于变量 received_string, 默认最多等待 60s
            ! 可以添加 Time 可选参数, 设置相应等待时间
            TPWrite "Server wrote - "+received_string;
            ! 写屏显示接收到的字符串 received_string
        ENDWHILE
    ERROR
        SocketClose Socket1;!如果出错, 关闭 Socket1 连接。
    ENDPROC
ENDMODULE
```

（4）使用如图 2-12 所示的 Socket 调试工具进行测试，本小节的 Socket 调试工具作为 Socket 通信的 Server 端。具体步骤如下。

① 单击 Socket 调试工具中的"TCP Server"，并单击"创建"按钮。监听端口号的设置需要与机器人设置的连接端口号一致，如图 2-12 中的端口号 8000。在 Socket 调试工具中"创建"完 Server 端后，Server 端自动启动并监听 Client 端的连接。

② 运行机器人程序，此时机器人会先向 Socket 通信的 Server 端发送字符串"Hello server"。Socket 调试工具接收到"Hello server"字符串并显示，参见图 2-12。机器人此时处于 SocketReceive 状态，等待接收 Server 端发送的字符串。

图 2-12　Socket 调试工具

③ 在 Socket 调试工具中输入"Hello Client"字符串并单击"发送数据"按钮，机器人侧会接收到"Hello Client"字符串并显示，如图 2-13 所示。

图 2-13　机器人接收到 Server 端发送来的"Hello Client"

2.2.2 创建 Server 端的实例

ABB 工业机器人在对外进行 Socket 通信时，也可作为 Socket 通信的服务器（Server）端。本小节举例说明在同一台计算机上如何创建两个 RobotStudio 机器人仿真工作站。一个工作站的机器人系统作为 Socket 通信的服务器（Server）端，另一个工作站的机器人系统作为 Socket 通信的客户（Client）端，实现两台机器人间的 Socket 通信。具体步骤如下。

（1）创建机器人作为 Client 端的程序，方法参见 2.2.1 小节的相关内容。

（2）重新创建一个工作站，该工作站中的机器人系统作为 Socket 通信的 Server 端。创建机器人时需要添加 616-1 PC Interface 选项。

（3）ABB 工业机器人在进行 Socket 通信时作为 Server 端的示例代码如代码 2-2 所示。

代码 2-2

```
MODULE module2
    VAR Socketdev temp_Socket;
    VAR Socketdev Client_Socket;
    VAR string received_string;
    PROC main ()
        SocketCreate temp_Socket;
        ! 创建 Server 的套接字 temp_Socket
        SocketBind temp_Socket,"127.0.0.1",8000;
        ! 绑定要监控的 IP 地址和端口，如果在电脑上虚拟仿真，此处可以设置为 127.0.0.1
        SocketListen temp_Socket;
        ! 对绑定的 IP 地址和端口进行监听
        SocketAccept temp_Socket, Client_Socket;
        ! 接收 Client 端的连接
        WHILE TRUE DO
            SocketReceive Client_Socket\Str: =received_string;
            ! 从站 Client_Socket 接收字符串并存储于变量 received_string，默认最多等待 60s
            !可以添加 Time 可选参数，设置相应等待时间
            TPWrite "Client wrote - "+received_string;
            ! 写屏显示接收到的字符串 received_string
            SocketSend Client_Socket\Str: ="Message acknowledged";
            ! 向 Client_Socket 端发送字符串 Message acknowledged"
        ENDWHILE
    ERROR
        SocketClose Client_Socket;
        SocketClose temp_Socket;
    ENDPROC
ENDMODULE
```

在 PC 进行两个机器人系统的 Socket 仿真通信时，先启动作为 Server 端的机器人程序，作为 Server 端的机器人程序开始监听并等待作为 Socket 通信的 Client 端的机器人的连接；然后运行作为 Socket 通信的 Client 端的机器人程序。作为 Client 端的机器人连接上 Server 端后，两个机器人开始相互收发数据。

2.3 传输 400 个 Float 型数据

2.3.1 接收 400 个 Float 型数据

外部传感器（Sensor）通过 Socket 一次性发送 400 组浮点数给机器人（1 个 Float 型数据需要 4 字节的存储空间），也就是外部传感器一次性发送 1600 字节的数据给机器人。机器人如何接收这些数据并转化为对应的 Float 型数据（ABB 工业机器人对应的 Float 型数据为 num 型数据）。

实际上，外部传感器通过 Socket 一次性发送来的 1600 字节的数据，机器人侧已经全部收到并存放到内部缓存（Buffer）中。

使用指令"SocketReceive socket1\RawData:=rawbyte1;"可以从内部缓存区最多提取 1024 字节的数据并存放于数组 rawbyte1 中（rawbyte 类型的数据是元素数量为 1024 字节的数据数组）。若紧接着使用指令"SocketReceive socket1\RawData:=rawbyte2;"，则会将后续的从 1025 字节开始的剩余数据存储到 rawbyte2 中的 1～576 字节的位置。可以使用 SocketPeek(socket1)函数来获取当前 socket1 上未提取的字节数，范围为 0～1024。

可以使用如代码 2-3 所示的代码实现机器人通过 Socket 通信接收超长字节的数据。

代码 2-3

```
VAR socketdev socket1;
VAR rawbytes rawbyte1{10};
! 定义 rawbyte 数组，容量为 10，总共 1024*10 字节
    PROC main_socket ()
        SocketClose socket1;
        SocketCreate socket1;
        SocketConnect socket1,"127.0.0.1",8001;
        FOR i FROM 1 TO 10 DO
            ClearRawBytes rawbyte1{i};
        ENDFOR
        ! 清空 rawbyte1 数组
        SocketSend socket1\Str: ="Hello server";
        SocketReceive socket1\RawData: =rawbyte1{1};
        ! 接收前 1024 字节并放入 rawbyte1{1}中
        reg1: =2;
        WHILE SocketPeek(socket1)>0 DO
            ! 读取现在还可以提取的字节数据
            ! 若一共接收 1600 字节的数据，则第一次进入 WHILE 循环 SocketPeek(socket1)返回值是 576
            ! 因为 WHILE 循环前的 SocketReceive 已经提取 1024 字节的数据
            SocketReceive socket1\RawData: =rawbyte1{reg1};
            ! 将剩余的 576 字节的数据存入 rawbyte1{reg1}中
            reg1: =reg1+1;
        ENDWHILE
        reg1: =reg1-1;
        ! 得到一共存放多少个 rawbyte 变量
```

假设传感器（Sensor）发送来的数据为 400 组 Float 型数据，分别为 1.2,2.2，…，400.2。利用上述代码接收数据并存储，然后再利用指令 Unpackrawbyte（可选参数使用 Float4），将每 4 字节的数据组合成一个 Float 型数据。机器人通过 Socket 接收 400 组 Float 型数据的完整代码如代码 2-4 所示。

代码 2-4

```
VAR socketdev socket1;
VAR string received_string;
VAR rawbytes rawbyte1{10};
VAR rawbytes rawbyte2;
VAR byte byte1{2000};
VAR num recvdata{400};
VAR num count1;

PROC main_socket ()
    SocketClose socket1;
    SocketCreate socket1;
    SocketConnect socket1,"127.0.0.1",8001;
    FOR i FROM 1 TO 10 DO
        ClearRawBytes rawbyte1{i};
    ENDFOR
    SocketSend socket1\Str: ="Hello server";
    SocketReceive socket1\RawData:=rawbyte1{1};
    reg1: =2;
    WHILE SocketPeek(socket1)>0 DO
        SocketReceive socket1\RawData: =rawbyte1{reg1};
        reg1: =reg1+1;
    ENDWHILE
    reg1: =reg1-1;
    count1: =1;
    FOR j FROM 1 TO reg1 DO
        FOR i FROM 1 TO RawBytesLen(rawbyte1{j})/4 DO
            ! 每 4 字节组合成一个 Float 型数据，所以循环次数除 4
            UnpackRawBytes rawbyte1{j},4*i-3, recvdata{count1}\Float4;
            ! 将 rawbyte1{j}中的第 4*i-3 个位置开始的 4 字节的数据按照 Float4 形式转化
            ! 并存储到 recvdata{count1}内
            count1:=count1+1;
        ENDFOR
    ENDFOR
    FOR i FROM 391 TO 400 DO
        TPWrite "recvdata{"+ValToStr(i)+"}: "\Num: =recvdata{i};
    ENDFOR
    !测试写屏 序号为 391~400 的数据
ENDPROC
```

将机器人和外部传感器连接，建立通信后进行数据传输测试。测试结果如图 2-14 所示。

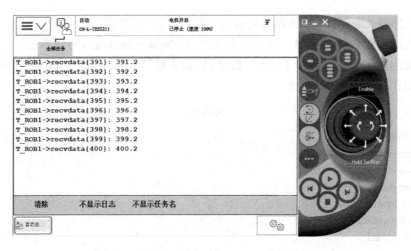

图 2-14 写屏显示序号为 391~400 的数据

2.3.2 发送 400 个 num 型数据

假设机器人侧有 400 个 num 型数据，希望一次性通过 Socket 发送给外部设备，如何处理？

若直接将 num 型数据转化为字符串，则数据量会非常大（1 个字符占据 1 字节）。可以利用指令 PackRawbyte（可选参数使用 Float4）将对应的 num 型数据进行打包，并存入 rawbyte 数组（单个 rawbyte 最大为 1024 字节）。然后通过指令"SocketSend client_socket\RawData:=rawbyte1;"发送。机器人侧的代码如代码 2-5 所示。

代码 2-5

```
VAR socketdev temp_socket;
VAR socketdev client_socket;
VAR rawbytes rawbyte1{10};
VAR num senddata {400};
! 建立 400 个 num 型变量的数组

PROC main ()
    FOR i FROM 1 TO 10 DO
        ClearRawBytes rawbyte1{i};
    ENDFOR
    FOR i FROM 1 TO 400 DO
        senddata{i}: =i+0.2;
        ! 假设要发送的数据为 1.2,2.2, …, 400.2
        ! 对要发送的数据进行赋值
    ENDFOR

    ! 由于 rawbyte 最大为 1024 字节，4 字节组成一个 Float 型数据，所以循环 256 次
    FOR i FROM 1 TO 256 DO
        PackRawBytes senddata{i}, rawbyte1{1},(4*i-3)\Float4;
        ! 将每个 num 型数据打包至 rawbyte1{1}中 4*i-3 开始的连续 4 字节中
    ENDFOR

    FOR i FROM 257 TO 400 DO
```

```
        PackRawBytes senddata{i}, rawbyte1{2},(4*(i-256)-3)\Float4;
    ENDFOR
    ! 以上代码将 400 组 num 型数据连续存放入 rawbyte1{1}中的 1~1024 字节
    ! 和 rawbyte1{2}中的 1~576 字节
```

将 400 组 num 型数据打包完成,可以通过指令 "SocketSend client_socket\RawData:=rawbyte1{1};" 来发送。机器人通过 Socket 发送 400 组 num 型数据的完整代码如代码 2-6 所示。

代码 2-6

```
VAR socketdev temp_socket;
    VAR socketdev client_socket;
    VAR rawbytes rawbyte1{10};
    VAR num senddata {400};

PROC main ()
    SocketClose client_socket;
    SocketClose temp_socket;
    SocketCreate temp_socket;
    SocketBind temp_socket,"127.0.0.1",8001;
    ! 本例机器人作为服务器 Server
    SocketListen temp_socket;
    SocketAccept temp_socket, client_socket;

    FOR i FROM 1 TO 10 DO
        ClearRawBytes rawbyte1{i};
    ENDFOR

    FOR i FROM 1 TO 400 DO
        senddata{i}: =i+0.2;
    ENDFOR

    FOR i FROM 1 TO 256 DO
        PackRawBytes senddata{i}, rawbyte1{1},(4*i-3)\Float4;
    ENDFOR

    FOR i FROM 257 TO 400 DO
        PackRawBytes senddata{i}, rawbyte1{2},(4*(i-256)-3)\Float4;
    ENDFOR

    SocketReceive client_socket\Str: =received_string;
    ! 等待客户端发送消息
    SocketSend client_socket\RawData: =rawbyte1{1};
    SocketSend client_socket\RawData: =rawbyte1{2};
    ! 将 400 组 num 型数据一次性发送
ENDPROC
```

2.4 字符串的解析

现场机器人在与相机进行 Socket 通信时,通常收到的数据为 String 型的字符串,如

"12.3；45.6；78.9；"，表示"x=12.3,y=45.6,z=78.9°"。如何把该字符串信息提取并赋值给对应的 num 型变量？可以使用表 2-1 中所示的相关字符串函数实现。

表 2-1　字符串函数

函 数 名 称	功　　能
StrMemb	检查字符是否属于一组
StrLen	查找字符串长度
StrPart	获取部分字符串
StrFind	在字符串中搜索字符
StrMatch	在字符串中搜索预置样式
StrOrder	检查字符串是否有序

机器人解析字符串并转化为 num 型数据的示例代码如代码 2-7 所示。

代码 2-7

```
VAR num StartBit1;
VAR num StartBit2;
VAR num StartBit3;
VAR num StartBit4;
VAR num StartBit5;
VAR num EndBit1;
VAR num EndBit2;
VAR num EndBit3;
VAR num LenBit1;
VAR num LenBit2;
VAR num LenBit3;
VAR num LenString;
VAR string XData: ="";
VAR string YData: ="";
VAR string AngleData: ="";
PERS num x;
PERS num y;
PERS num angle;

PROC DecodeData ()
    ! Strread: =received_string;
    Strread: ="12.4;56.7;88.9;";!举例字符串为"12.4;56.7;88.9;"
    LenString: =StrLen (Strread); !获取字符串的总长度

    StartBit1: =1;
    EndBit1:=StrFind(Strread,StartBit1,";");
    ! 从字符串 StartBit1 位开始寻找第一个"；"，并返回"；"的位置
    LenBit1:=EndBit1-StartBit1; !获取第一段字符串的长度，此处为字符串"12.4"的长度，为 4

    StartBit2:=EndBit1+1;!起始位置+1
    EndBit2:=StrFind(Strread,StartBit2,";");
    ! 从字符串 StartBit2 位开始寻找第一个"；"，并返回"；"的位置
    LenBit2:=EndBit2-StartBit2; !获取第二段字符串的长度，此处为字符串"56.7"的长度，为 4
```

```
StartBit3:=EndBit2+1;
EndBit3:=StrFind(Strread,StartBit3,";");
LenBit3:=EndBit3-StartBit3;

XData:=StrPart(Strread,StartBit1,LenBit1);
!从字符串"12.4;56.7;88.9"中的 StartBit1 位开始截取长度为 LenBit1 的字符串,此处为
!"12.4",并赋值给 XData
YData:=StrPart(Strread,StartBit2,LenBit2);
!从字符串"12.4;56.7;88.9"中的 StartBit2 位开始截取长度为 LenBit2 的字符串,此处为
!"56.7",并赋值给 YData
AngleData:=StrPart(Strread,StartBit3,LenBit3);
!从字符串"12.4;56.7;88.9"中的 StartBit3 位开始截取长度为 LenBit3 的字符串,此处为
!"88.9",并赋值给 AngleData

DataTRUE:=StrToVal(XData,x);
!把 XData 字符串转化为 Val,赋值给 x(num 型)。转化成功,bool 量 DataTRUE 为 True
DataTRUE:=StrToVal(YData,y);
!把 YData 字符串转化为 Val,赋值给 y(num 型)。转化成功,bool 量 DataTRUE 为 True
DataTRUE:=StrToVal(AngleData,Angle);
!把 AngleData 字符串转化为 Val,赋值给 Angle(num 型)。转化成功,bool 量 DataTRUE 为
!True

TPWrite "x:"\Num:=x; !写屏显示 x 的数值
TPWrite "y:"\Num:=y; !写屏显示 y 的数值
TPWrite "angle:"\Num:=angle; !写屏显示 angle 的数值
ENDPROC
```

2.5 四元数与欧拉角

ABB 工业机器人采用 pose 类型的数据表示其在笛卡儿空间坐标中的位置。常用的机器人点位数据类型 robtarget 中的 trans 组件和 rot 组件就构成了 pose 数据类型,如图 2-15 所示。工件坐标系 wobjdata 中的 uframe 数据和 oframe 数据也都是 pose 类型的数据。

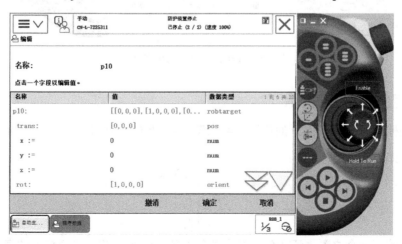

图 2-15 robtarget 型数据 p10 的部分组成

pose 数据类型又由 pos 和 orient 两种数据类型构成。对于 pos 类型，其数据由 x、y、z 三个元素构成，均为 num 型数据，如图 2-16 所示，用于存储空间的 x、y、z 数据。

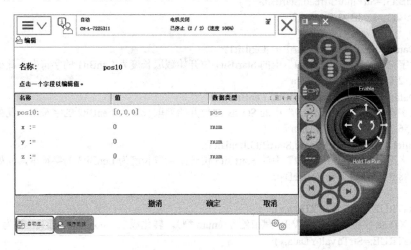

图 2-16 pos 型数据 pos10 的组成

对于 orient 类型（四元数），其数据由 q1、q2、q3、q4 四个元素构成，用来表示空间位置的方向（姿态），如图 2-17 所示。

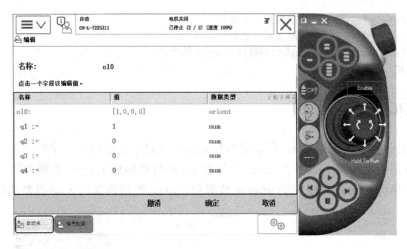

图 2-17 orient 型数据 o10 的组成

2.5.1 空间位姿的表示

对于坐标系 A 空间中点 P 的位置，可以表示为 $^AP(P_x, P_y, P_z)$，如图 2-18 所示，用矩阵形式可以如下表示：

$$^A\boldsymbol{P} = \begin{bmatrix} P_x \\ P_y \\ P_z \end{bmatrix} \tag{2-1}$$

空间中的同一个位置，可以有不同的姿态（方向）。对于姿态（方向）的表示，可以在该点构建一个坐标系 B（如图 2-19 所示）。新坐标系 B 的 X 轴方向使用新坐标系 B 的 X 轴

在原有坐标系 A 的三个方向上的投影表示。为了方便表示，选用单位向量。

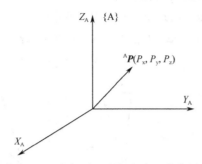

图 2-18　坐标系 A 空间中点 P 的位置

新坐标系 B 的 Y 轴和 Z 轴同理表示。旋转姿态可由式（2-2）所示的矩阵表示，式（2-2）称为旋转矩阵。

$$_B^A\boldsymbol{R} = \begin{bmatrix} ^A\hat{\boldsymbol{X}}_B & ^A\hat{\boldsymbol{Y}}_B & ^A\hat{\boldsymbol{Z}}_B \end{bmatrix} = \begin{bmatrix} r_{11} & r_{12} & r_{13} \\ r_{21} & r_{22} & r_{23} \\ r_{31} & r_{32} & r_{33} \end{bmatrix} \quad (2\text{-}2)$$

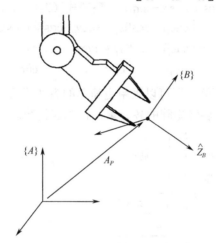

图 2-19　空间点 P 的姿态表示

把位置和姿态统称为位姿（位置和姿态）。空间中一个点的位姿可以由矩阵表示（为了齐次化矩阵，构建 4×4 矩阵）。式（2-3）称为位姿矩阵。

$$\begin{bmatrix} _B^A\boldsymbol{R} & ^A\boldsymbol{P} \\ \boldsymbol{0} & 1 \end{bmatrix} = \begin{bmatrix} r_{11} & r_{12} & r_{13} & P_x \\ r_{21} & r_{22} & r_{23} & P_y \\ r_{31} & r_{32} & r_{33} & P_z \\ 0 & 0 & 0 & 1 \end{bmatrix} \quad (2\text{-}3)$$

对于空间姿态，也可通过欧拉角表示（旋转顺序为 Z-Y-X），即坐标系先绕原有坐标系的 Z 轴旋转 α，再绕新的坐标系的 Y 轴旋转 β，最后绕新的坐标系的 X 轴旋转 γ，如图 2-20 所示。注：空间的旋转不满足交换律，不同的旋转顺序会导致不同的结果。

根据式（2-2）旋转矩阵的定义，结合图 2-20 的解释，可以整理得到基于 Z-Y-X 欧拉角的旋转矩阵如下：

$$_B^A R_{Z'Y'X'} = R_Z(\alpha)R_Y(\beta)R_X(\gamma)$$

$$= \begin{bmatrix} c\alpha & -s\alpha & 0 \\ s\alpha & c\alpha & 0 \\ 0 & 0 & 1 \end{bmatrix} \begin{bmatrix} c\beta & 0 & s\beta \\ 0 & 1 & 0 \\ -s\beta & 0 & c\beta \end{bmatrix} \begin{bmatrix} 1 & 0 & 0 \\ 0 & c\gamma & -s\gamma \\ 0 & s\gamma & c\gamma \end{bmatrix} \quad (2\text{-}4)$$

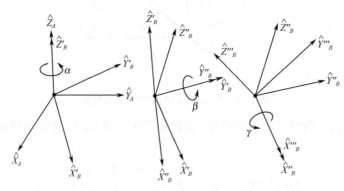

图 2-20　Z-Y-X 欧拉角

在式（2-4）中，$c\alpha = \cos\alpha$，$s\alpha = \sin\alpha$。整理式（2-4）后，可以得到旋转矩阵：

$$_B^A R_{Z'Y'X'} = \begin{bmatrix} c\alpha c\beta & c\alpha s\beta s\gamma - s\alpha c\gamma & c\alpha s\beta c\gamma + s\alpha s\gamma \\ s\alpha c\beta & s\alpha s\beta s\gamma + c\alpha c\gamma & s\alpha s\beta c\gamma - c\alpha s\gamma \\ -s\beta & c\beta s\gamma & c\beta c\gamma \end{bmatrix} \quad (2\text{-}5)$$

对于式（2-2）的旋转矩阵，还可以采用更简单的表达形式。四元数是一种描述此旋转矩阵更为简洁的方式。根据旋转矩阵的各元素，计算四元数。

令 $\begin{bmatrix} x_1 & y_1 & z_1 \\ x_2 & y_2 & z_2 \\ x_3 & y_3 & z_3 \end{bmatrix} = \begin{bmatrix} r_{11} & r_{12} & r_{13} \\ r_{21} & r_{22} & r_{23} \\ r_{31} & r_{32} & r_{33} \end{bmatrix}$，则：

$$q_1 = \frac{\sqrt{x_1 + y_2 + z_3 + 1}}{2}$$

$$q_2 = \frac{\sqrt{x_1 - y_2 - z_3 + 1}}{2}, \text{sign}q_2 = \text{sign}(y_3 - z_2)$$

$$q_3 = \frac{\sqrt{y_2 - x_1 - z_3 + 1}}{2}, \text{sign}q_3 = \text{sign}(z_1 - x_3)$$

$$q_4 = \frac{\sqrt{z_3 - x_1 - y_2 + 1}}{2}, \text{sign}q_4 = \text{sign}(x_2 - y_1)$$

$$|q|^2 = q_1^2 + q_2^2 + q_3^2 + q_4^2 = 1 \quad (2\text{-}6)$$

可见，四元数不可直接做加减运算，且四元数的平方和必须为 1。

ABB 工业机器人的 pose 数据就采用空间位置 pos(x,y,z) 和四元数 orient(q_1, q_2, q_3, q_4) 来表示一个点的位姿（位置与姿态）。

2.5.2　四元数与欧拉角的转换

对于空间姿态的表述，显然欧拉角更直观，如图 2-21 所示，其中 ψ、θ 和 φ 分别为绕 Z 轴、Y 轴和 X 轴的旋转角度。

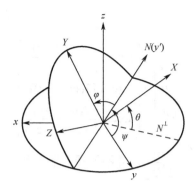

图 2-21　Z-Y-X 欧拉角

如前所述，四元数无法直接做加减法，且四元数的平方和为应为 1。故在对空间点位进行姿态运算时，通常先将四元数转化为欧拉角，然后进行几何加减法运算，最后将运算结果再次转化为四元数。

ABB 工业机器人提供了欧拉角与四元数转化的相关函数，其中：

（1）函数 EulerZYX(\X, object.rot)可以将四元数转化为对应的欧拉角。此处函数以提取绕 X 轴旋转角度进行示例，也可提取绕 Y 轴和绕 Z 轴旋转角度。

（2）函数 OrientZYX(anglez, angley, anglex)可以将欧拉角转化为四元数。

注意：函数中的参数顺序为 $P_z — P_y — P_x$。

例如，平面 2D 相机得到某点位绕 Z 轴旋转 $α$，则可以先计算姿态对应的欧拉角：

angleZ := EulerZYX(\Z, object.rot)
angleY := EulerZYX(\Y, object.rot)
angleX := EulerZYX(\X, object.rot)

再对欧拉角中绕 Z 轴旋转的角度做加法，最后重新转化为四元数：

p10.rot := OrientZYX(angleZ+ α , angleY, angleX)

综合式（2-5）和式（2-6）及图 2-21，可以得到 Z-Y-X 欧拉角（ψ、θ 和 φ）到四元数的转化公式：

$$q = \begin{bmatrix} q_1 \\ q_2 \\ q_3 \\ q_4 \end{bmatrix} = \begin{bmatrix} w \\ x \\ y \\ z \end{bmatrix} = \begin{bmatrix} \cos\left(\frac{\varphi}{2}\right)\cos\left(\frac{\theta}{2}\right)\cos\left(\frac{\psi}{2}\right) + \sin\left(\frac{\varphi}{2}\right)\sin\left(\frac{\theta}{2}\right)\sin\left(\frac{\psi}{2}\right) \\ \sin\left(\frac{\varphi}{2}\right)\cos\left(\frac{\theta}{2}\right)\cos\left(\frac{\psi}{2}\right) - \cos\left(\frac{\varphi}{2}\right)\sin\left(\frac{\theta}{2}\right)\sin\left(\frac{\psi}{2}\right) \\ \cos\left(\frac{\varphi}{2}\right)\sin\left(\frac{\theta}{2}\right)\cos\left(\frac{\psi}{2}\right) + \sin\left(\frac{\varphi}{2}\right)\cos\left(\frac{\theta}{2}\right)\sin\left(\frac{\psi}{2}\right) \\ \cos\left(\frac{\varphi}{2}\right)\cos\left(\frac{\theta}{2}\right)\sin\left(\frac{\psi}{2}\right) - \sin\left(\frac{\varphi}{2}\right)\sin\left(\frac{\theta}{2}\right)\cos\left(\frac{\psi}{2}\right) \end{bmatrix}$$ （2-7）

综合式（2-5）和式（2-6）及图 2-21，可以得到四元数到 Z-Y-X 欧拉角（ψ、θ 和 φ）

的转化公式：

$$\begin{bmatrix} \varphi \\ \theta \\ \psi \end{bmatrix} = \begin{bmatrix} \arctan\dfrac{2(wx+yz)}{1-2(x^2+y^2)} \\ \arcsin[2(wy-xz)] \\ \arctan\dfrac{2(wz+xy)}{1-2(y^2+z^2)} \end{bmatrix} \qquad (2\text{-}8)$$

arctan 和 arcsin 的结果是 $\left[-\dfrac{\pi}{2},\dfrac{\pi}{2}\right]$，并不能覆盖所有朝向，因此使用 atan2 函数来代替 arctan：

$$\begin{bmatrix} \varphi \\ \theta \\ \psi \end{bmatrix} = \begin{bmatrix} \operatorname{atan2}[2(wx+yz),1-2(x^2+y^2)] \\ \arcsin[2(wy-xz)] \\ \operatorname{atan2}[2(wz+xy),1-2(y^2+z^2)] \end{bmatrix} \qquad (2\text{-}9)$$

综合式（2-7）和式（2-9），可以在 RAPID 中自己编写函数实现欧拉角与四元数的转化。欧拉角与四元数转化的 RAPID 代码如代码 2-8 所示。

代码 2-8

```
FUNC orient eulerAnglesToQuaternion(num hdg,num pitch,num roll)
    !欧拉角到四元数的转化函数
    VAR num cosRoll;
    VAR num sinRoll;
    VAR num cospitch;
    VAR num sinpitch;
    VAR num cosheading;
    VAR num sinheading;
    VAR num q0;
    VAR orient orient1;

    cosRoll:=Cos(roll*0.5);
    sinRoll:=Sin(roll*0.5);
    cosPitch:=Cos(pitch*0.5);
    sinPitch:=Sin(pitch*0.5);
    cosHeading:=Cos(hdg*0.5);
    sinHeading:=Sin(hdg*0.5);

    orient1.q1:=cosRoll*cosPitch*cosHeading+sinRoll*sinPitch*sinHeading;
    orient1.q2:=sinRoll*cosPitch*cosHeading-cosRoll*sinPitch*sinHeading;
    orient1.q3:=cosRoll*sinPitch*cosHeading+sinRoll*cosPitch*sinHeading;
    orient1.q4:=cosRoll*cosPitch*sinHeading-sinRoll*sinPitch*cosHeading;
    RETURN orient1;
ENDFUNC

FUNC num quaternionToEulerAngles(\switch X|switch Y|switch Z,orient orient1)
    !四元数到欧拉角的转化函数
    VAR num q0;
    VAR num q1;
    VAR num q2;
    VAR num q3;
```

```
        q0:=orient1.q1;
        q1:=orient1.q2;
        q2:=orient1.q3;
        q3:=orient1.q4;
        IF present(x) return atan2(2*(q2*q3+q0*q1),q0*q0-q1*q1-q2*q2+q3*q3);
        IF present(y) return asin(2*(q0*q2-q1*q3));
        IF present(z) RETURN atan2(2*(q1*q2+q0*q3),q0*q0+q1*q1-q2*q2-q3*q3);
    ENDFUNC
```

2.6 先拍照后抓取

2.6.1 修正单个点位位置

本小节将介绍如何实现图 2-22 中所示的功能：2D 相机的位置固定。通过相机拍摄与处理，给出产品中心位置的参考值（x、y 和 θ），引导机器人完成产品的抓取。

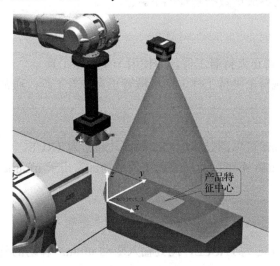

图 2-22 固定相机拍摄单个物体

ABB 工业机器人使用若干坐标系，包括世界坐标系（World coordinates）、基坐标系（Base coordinates）、工具坐标系（Tool coordinates）和工件坐标系（Workobject coordinates）。工件坐标系包含用户坐标系（User coordinates）和目标坐标系（Object coordinates）。各坐标系之间的关系如图 2-23 所示。

ABB 工业机器人的工件坐标系中的 wobjdata 数据由以下成员构成：

```
RECORD wobjdata
    bool robhold;
    bool ufprog;
    string ufmec;
    pose uframe;
    pose oframe;
ENDRECORD
```

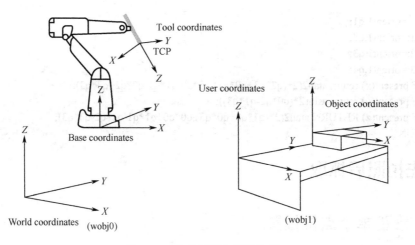

图 2-23　各坐标系之间的关系

wobjdata 数据中的各成员数据解释如下。

● robhold

数据类型：bool。

TRUE：表示机械臂正夹持着工件，即使用一个固定工具。

FALSE：表示机械臂未夹持工件，即机械臂正夹持着工具，通常为 FALSE。

● ufprog

数据类型：bool。

TRUE：表示 uframe 可以通过编程修改数据，通常为 TRUE。

FALSE：表示 uframe 不可以通过编程修改数据，常用于 uframe 被外轴驱动或者被输送链驱动。

● ufmec

数据类型：string。

默认为空。若 ufprog 为 FASLE，此处输入驱动 uframe 移动的外轴，如输送链或者变位机。

● uframe

数据类型：pose。

表示当前工件坐标系中的用户坐标系在世界坐标系中的位置关系。

● oframe：

数据类型：pose。

表示当前工件坐标系中的目标坐标系在 uframe 中的关系，即在用户坐标系中定义目标坐标系。

若现场一个机器人控制柜只连接一台机器人，则通常机器人的基坐标系和世界坐标系重合。只有在机器人倒挂安装，或者一个机器人控制柜连接多台机器人（ABB 工业机器人最多支持一个控制柜连接 4 台机器人），如图 2-24 所示，多台机器人需要在一个坐标系下联动时，才需要设置各自的基坐标系相对于世界坐标系的关系，以实现在一个坐标系下的联动功能（要修改基坐标系相对于世界坐标系的关系，可以进入"示教器"的"控制面板"-"Motion"-"Robot"-"Base"进行相关设置，长度单位为 m，如图 2-25 所示）。

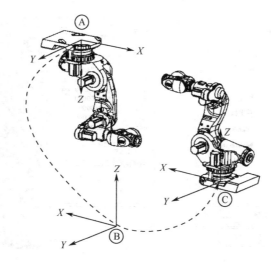

图 2-24　两台机器人的基坐标系相对于世界坐标系的关系

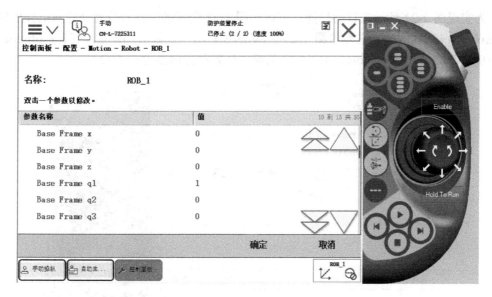

图 2-25　设置机器人的基坐标系

以下举例说明如何在 RAPID 中实际使用一个工件坐标系数据：

PERS wobjdata wobj1 :=[FALSE, TRUE, "", [[300, 600, 200], [1, 0, 0 ,0]], [[0, 200, 30], [1, 0, 0 ,0]]];

以上数据的含义如下：
- 机械臂未夹持着工件（工件坐标系固定）。
- uframe 可以通过编程来修改。
- 用户坐标系不旋转，且其在世界坐标系中的原点坐标为 $x=300$、$y=600$ 和 $z=200$ mm。
- 目标坐标系不旋转，且其在用户坐标系中的原点坐标为 $x=0$、$y=200$ 和 $z=30$ mm。

如图 2-26 表述的是当前 TCP（tVacuum）在工件坐标系 Workobject_1 的 oframe 下的值（通常 oframe 设置为[[0,0,0],[1,0,0,0]]，此时 oframe 与 uframe 重合）。

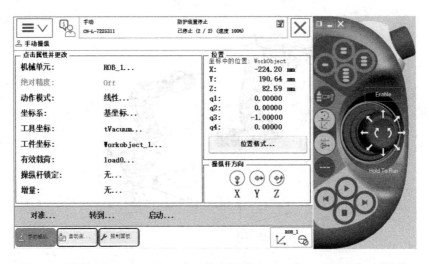

图 2-26 当前 TCP（tVacuum）在工件坐标系 Workobject_1 的 oframe 下的值

为实现图 2-22 所示项目的功能，可以在图 2-22 所示的工作台位置处建立工件坐标系 Workobject_1，其创建方法为如图 2-27 所示的 3 点法（仅修改 uframe，保持 oframe 为 [[0,0,0],[1,0,0,0]]），Workobject_1 坐标系的原点位置和方向参考图 2-22。

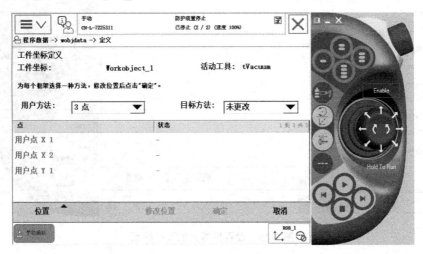

图 2-27 3 点法创建工件坐标系 Workobjec_1

完成相机的标定（相机标定的具体方法见后续章节），并将相机的坐标系原点也设在工作台的 Workobject_1 坐标系的原点处，相机坐标系的 X 和 Y 方向同 Workobject_1 坐标系的方向。此时，相机给出的产品坐标 x、y 和 theta(θ) 就是工件坐标系 Workobject_1 下的 x、y 和 theta(θ)。机器人直接在工件坐标系 Workobject_1 下运动至相机给出位置即可。

移动机器人（使用工具坐标系 tVaccum 和工件坐标系 Workobject_1，如图 2-28 所示）至合适的抓取位置。对机器人抓取的初始位置进行示教，如代码 2-9 中的 p100，如图 2-29 所示（由于相机只能提供 x、y 数据，所以 z 数据仍然使用机器人原有的示教数据；机器人抓取的初始姿态可以是任意的，故需要一个初始的参考姿态）。

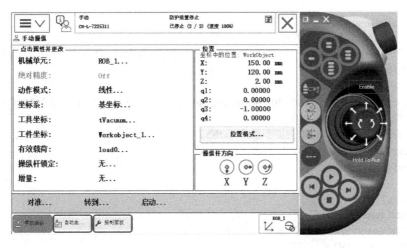

图 2-28 使用正确的工具和工件坐标系移动机器人

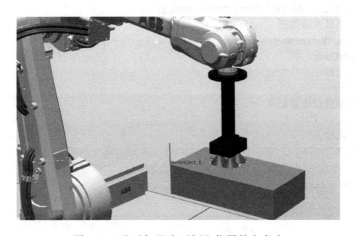

图 2-29 移动机器人至抓取位置的参考点

1. 基于欧拉角与四元数的姿态修正

如前文所述，ABB 工业机器人对于采用四元数来表示点位姿态。四元数不能直接进行加减运算，而相机发来的数据通常为角度，故可以采用 2.5.2 小节所述的内容，首先获取点位姿态的欧拉角，其次再对欧拉角做相应运算，最后将新的欧拉角转换回四元数。

如代码 2-9 所示，其实现了机器人接收相机通过 Socket 通信发送的产品数值 x、y 和 θ，以及欧拉角与四元数的转化。机器人与相机的通信与数据解析内容参考 2.2 节和 2.4 节的相关内容。

代码 2-9

```
MODULE module1
    TASK PERS wobjdata Workobject_1:=[FALSE,TRUE,"",[[709.544,-214.209,753.273],[1,0,0,0]],[[0,0,0],[1,0,0,0]]];
    VAR num cam_x;
    !解析得到相机发送来的 x 数据
    VAR num cam_y;
    !解析得到相机发送来的 y 数据
```

```
VAR num cam_angle;
!解析得到相机发送来的角度数据
CONST    robtarget    p100:=[[149.9999,120,1.999924],[1.196447E-07,-1.621233E-08,-1,1.68319E-08],[-1,-1,-1,0],[9E+09,9E+09,9E+09,9E+09,9E+09,9E+09]];
!抓取初始的示教点 p100
PERS   robtarget   pPick:=[[150,120,1.99992],[1.22999E-7,0.0871558,-0.996195,-3.31173E-8],[-1,-1,-1,0],[9E+9,9E+9,9E+9,9E+9,9E+9,9E+9]];
!实际运行的位置 pPick, 注意类型不能是 CONST
VAR Socketdev Socket1;
VAR string received_string;

PROC main()
    SocketCreate Socket1;
    SocketConnect Socket1,"127.0.0.1",8000;
    WHILE TRUE DO
        SocketSend Socket1\Str:="Hello server";
        SocketReceive Socket1\Str:=received_string;
        !等待相机发送数据
        TPWrite "Server wrote - "+received_string;
        DecodeData;
        !解析数据
        cal_data;
        !对数据进行运算处理
        r_move;
        !移动机器人
    ENDWHILE
ERROR
    SocketClose Socket1;
ENDPROC

PROC DecodeData()
    !解析相机数据并存入 cam_x、cam_y 和 cam_angle
    !具体代码参考 2.4 节所示的代码示例
ENDPROC

PROC cal_data()
    VAR num rx;
    VAR num ry;
    VAR num rz;
    pPick:=p100;
    !让抓取点位等于抓取的初始位置，主要使用 z 高度和初始姿态
    rx:=EulerZYX(\x,pPick.rot);
    ry:=EulerZYX(\y,pPick.rot);
    rz:=EulerZYX(\z,pPick.rot);
    !提取欧拉角

    pPick.trans.x:=cam_x;
    pPick.trans.y:=cam_y;
    pPick.rot:=OrientZYX(rz+cam_angle,ry,rx);
    !欧拉角运算并转化为四元数
    !修正姿态角度 Z 数据
ENDPROC
```

```
PROC r_move()
    MoveL Offs(pPick,0,0,30),v100,z10,tVacuum\WObj:=Workobject_1;
    !使用 tVacuum 和 Workobject_1，移动机器人到 pPick 位置，该位置已经通过 cal_data 程序运算
    MoveL pPick,v100,fine,tVacuum\WObj:=Workobject_1;
    set do0;
    !抓取
    waitdi di_vacuum,1;
    MoveL Offs(pPick,0,0,30),v100,z10,tVacuum\WObj:=Workobject_1;
ENDPROC

PROC r_modify()
    MoveL p100,v100,fine,tVacuum\WObj:=Workobject_1;
    !示教专用程序
ENDPROC
ENDMODULE
```

使用以上代码，配合 Socket 调试工具即可对其进行测试。假设产品在相机中识别出的结果为"150;120;20;"，首先在 Socket 调试工具中创建 TCP Server 并启动监听，然后再启动对应的机器人程序。机器人在接收到 Socket 调试工具发送的数据（150;120;20;）后，完成数据解析并完成动作，效果如图 2-30 所示。

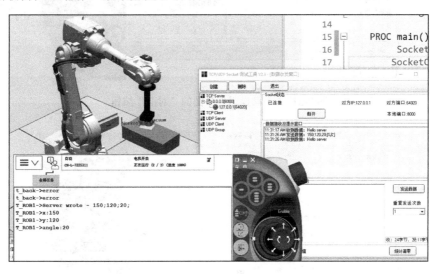

图 2-30　Socket 调试工具模拟相机测试的结果

2. 基于 RelTool 函数的姿态修正

ABB 工业机器人提供函数 Offs(p10,delta_x,delta_y,delta_z)，可以对点位数据的 x、y、z 进行平移运算。使用时，Offs 平移的方向参考当前语句的工件坐标系。例如，机器人走到 pPick 位置，在 Workobject_1 坐标系下的 z 方向抬升 30mm 的位置：

MoveL Offs(pPick,0,0,30),v100,z10,tVacuum\WObj:=Workobject_1;

ABB 工业机器人还提供 RelTool (p1, 0, 0, 0 \Rz:= 25)函数，该函数进行基于当前工具坐标系 TCP（Tool Center Point）的运算，包括平移和旋转，如机器人绕当前工具 tVacuum 坐

标系的 z 方向旋转 25°：

MoveL RelTool (p1, 0, 0, 0 \Rz:= 25),v100,z10,tVacuum\WObj:=Workobject_1;

若能保证机器人在抓取物体时工具的 z 方向（或者 x 和 y 方向）垂直于工件坐标系平面，则在机器人接收到相应点位的旋转信息时，也可直接使用 RelTool 函数。例如：

MoveL RelTool (p1, dx, dy, 0 \Rz:= angle),v100,z10,tVacuum\WObj:=Workobject_1;
! dx 和 dy 为相机发送来的偏移数据，注意相机坐标系和当前工具坐标系的方向
! angle 为相机发送来的偏移角度，注意相机坐标系和当前工具坐标系的方向关系

小提示：可以使用"手动操纵"界面的"对准"按钮（如图 2-31 所示），让当前 TCP 的某个方向与某个坐标系对准（图 2-32）。

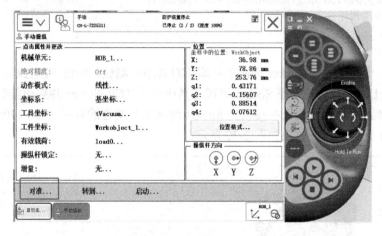

图 2-31 "手动操纵"界面的"对准"按钮

图 2-32 选择要对准的坐标系

2.6.2 修正工件坐标系

1. 基于欧拉角与四元数的转化修正

若现场需要通过视觉修正的不只是一个点，而是多段轨迹（较多点），如图 2-33 中需

要通过视觉修正焊枪绕产品一周移动的轨迹（此处至少 4 个点），如何快速实现？

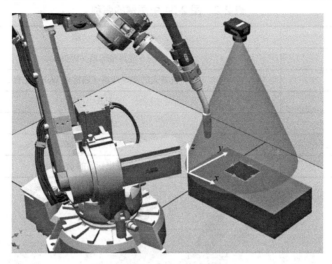

图 2-33　视觉修正工件坐标系

此时若再对每个点通过相机单独识别并给出矫正值，使用时会非常麻烦。

产品上的所有机器人点位相对于产品本身是不会发生偏移的，发生偏移的是整个产品。若对产品做一个坐标系，并且相机也直接修正产品绑定的坐标系，则对应的机器人点位都会跟随坐标系移动，从而使得整体轨迹被相机纠正。

如图 2-34 所示，其为视觉与机器人基坐标系的关系，其图例的名称如表 2-2 所示。通过相机和机器人的标定，此时相机坐标系的原点与工件坐标系的 uframe（图 2-34 中的 E）重合。相机对产品的特征进行识别，得出产品特征的位置在图 2-34 中的 F 处。令相机的输出结果直接赋值给机器人工件坐标系的 oframe，此时产品的轨迹相对于 oframe 没有发生偏移，但 oframe 的移动导致了整个产品轨迹的移动，即实际使用时，机器人收到的数据会修正对应工件坐标系的 oframe，如图 2-35 所示。

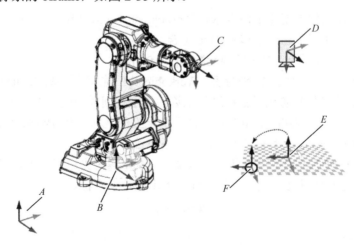

图 2-34　视觉与机器人的基坐标系的关系

表 2-2 图 2-34 中图例的名称

图例	名称
A	世界坐标系（Wobj0）
B	机器人的基坐标系（通常与 Wobj0 重合）
C	工具坐标系
D	相机坐标系
E	工件坐标系的 uframe
F	工件坐标系的 oframe

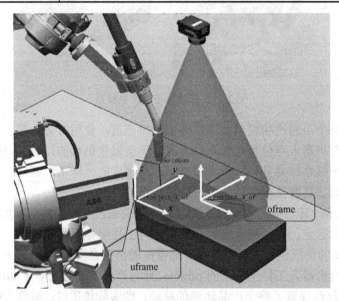

图 2-35 将相机的修正数据赋值给 oframe，修正整条轨迹

在图 2-35 所示的位置创建工件坐标系 Workobject_1_ini，修改 uframe，保持 oframe 数据为[[0,0,0],[1,0,0,0]]，即 oframe 和 uframe 重合。

注意，欧拉角若都为 0，对应的四元数为[1,0,0,0]。

在实际的使用中，令工件坐标系 Workobject_1 先等于 Workobject_1_ini（创建 Workobject_1_ini 的目的是防止对数据进行运算后无法找回最初值），然后按照代码 2-10 修正 oframe。此时运动轨迹 Path_10 中的点位都是基于工件坐标系 Workobject_1 的 oframe 的，修正工件坐标系 Workobject_1 相当于修正了整条轨迹。

注意：对于轨迹 Path_10 中的点位，建议第一次示教时先运行完工件坐标系的修正代码，使得机器人在与实际修正完相符的坐标系下示教记录点位。

代码 2-10

```
PROC cal_data2()
    VAR num rx;
    VAR num ry;
    VAR num rz;
    Workobject_1:=Workobject_1_ini;
```

```
            Workobject_1.oframe.trans.x:=cam_x;
            Workobject_1.oframe.trans.y:=cam_y;
            rx:=EulerZYX(\x, Workobject_1.oframe.rot);
            ry:=EulerZYX(\y, Workobject_1.oframe.rot);
            rz:=EulerZYX(\z, Workobject_1.oframe.rot);
            Workobject_1.oframe.rot:=OrientZYX(cam_angle+rz,ry,rx);
ENDPROC
PROC Path_10()
        ! 机器人始终运行在工件坐标系 Workobject_1 下
        ! 工件坐标系 Workobject_1 的 oframe 被视觉修正
        MoveL Target_90,v150,fine,tWeldGun\WObj:=Workobject_1;
        MoveL Target_100,v150,fine,tWeldGun\WObj:=Workobject_1;
        MoveL Target_110,v150,fine,tWeldGun\WObj:=Workobject_1;
        MoveL Target_120,v150,fine,tWeldGun\WObj:=Workobject_1;
        MoveL Target_90,v150,fine,tWeldGun\WObj:=Workobject_1;
ENDPROC
```

机器人与相机通信，接收和解析相机发送过来的数据，以及修正工件坐标系的完整代码如代码 2-11 所示。

代码 2-11

```
MODULE module1
    CONST robtarget p10:=[[0,0,0],[1,0,0,0],[0,0,0,0],[9E9,9E9,9E9,9E9,9E9,9E9]];
    VAR pos pos10:=[0,0,0];
    VAR pose pose10:=[[0,0,0],[1,0,0,0]];
    VAR orient o10:=[1,0,0,0];
    TASK PERS wobjdata Workobject_1:=[FALSE,TRUE,"",[[709.544,-214.209,753.273],[1,0,0,0]],[[150,120,0],[0.996195,0,0,0.0871557]]];
    TASK PERS wobjdata Workobject_1_ini:=[FALSE,TRUE,"",[[709.544,-214.209,753.273],[1,0,0,0]],[[0,0,0],[1,0,0,0]]];

    VAR num cam_x;
    VAR num cam_y;
    VAR num cam_angle;
    CONST robtarget p100:=[[149.9999,120,1.999924],[1.196447E-07,-1.621233E-08,-1,1.68319E-08],[-1,-1,-1,0],[9E+09,9E+09,9E+09,9E+09,9E+09,9E+09]];
    PERS robtarget pPick:=[[150,120,1.99992],[1.25417E-7,0.173648,-0.984808,-2.22712E-8],[-1,-1,-1,0],[9E+9,9E+9,9E+9,9E+9,9E+9,9E+9]];
    VAR Socketdev Socket1;
    VAR string received_string;
    CONST robtarget Target_90:=[[-50.00000835,-39.999994325,0.000022062],[0.000000087,-0.173648177,0.984807753,0.00000005],[-1,0,-1,0],[9E+09,9E+09,9E+09,9E+09,9E+09,9E+09]];
    CONST robtarget Target_100:=[[49.999941171,-40.000017012,0.000032148],[0.00000012,-0.173648167,0.984807755,0.000000065],[-1,0,-1,0],[9E+09,9E+09,9E+09,9E+09,9E+09,9E+09]];
    CONST robtarget Target_110:=[[49.999930447,39.999988578,0.000010603],[0.000000138,-0.17364821,0.984807747,0.000000049],[-1,0,-1,0],[9E+09,9E+09,9E+09,9E+09,9E+09,9E+09]];
    CONST robtarget Target_120:=[[-50.000015882,39.999979786,0.000012746],[0.000000159,-0.173648176,0.984807753,0.000000059],[-1,0,-1,0],[9E+09,9E+09,9E+09,9E+09,9E+09,9E+09]];

    PROC main()
        SocketClose Socket1;
        SocketCreate Socket1;
```

```
            SocketConnect Socket1,"127.0.0.1",8000;
            WHILE TRUE DO
                SocketSend Socket1\Str:="Hello server";
                SocketReceive Socket1\Str:=received_string;
                TPWrite "Server wrote - "+received_string;
                DecodeData;
                cal_data2;
                !第一次示教时,建议程序运行到此处暂停
                !后续机器人在修正后的工件坐标系 Workobject_1 下记录点位
                Path_10;
            ENDWHILE
        ERROR
            SocketClose Socket1;
        ENDPROC

        PROC DecodeData()
                !解析收到的相机数据,并将其存入 cam_x、cam_y 和 cam_angle
                !具体解析代码参考 2.4 节的示例代码
        ENDPROC

        PROC cal_data2()
            VAR num rx;
            VAR num ry;
            VAR num rz;
            Workobject_1:=Workobject_1_ini;

            Workobject_1.oframe.trans.x:=cam_x;
            Workobject_1.oframe.trans.y:=cam_y;
            rx:=EulerZYX(\x,Workobject_1.oframe.rot);
            ry:=EulerZYX(\y,Workobject_1.oframe.rot);
            rz:=EulerZYX(\z,Workobject_1.oframe.rot);
            Workobject_1.oframe.rot:=OrientZYX(cam_angle+rz,ry,rx);
        ENDPROC

        PROC Path_10()
            MoveL Target_90,v150,fine,tWeldGun\WObj:=Workobject_1;
            MoveL Target_100,v150,fine,tWeldGun\WObj:=Workobject_1;
            MoveL Target_110,v150,fine,tWeldGun\WObj:=Workobject_1;
            MoveL Target_120,v150,fine,tWeldGun\WObj:=Workobject_1;
            MoveL Target_90,v150,fine,tWeldGun\WObj:=Workobject_1;
        ENDPROC
ENDMODULE
```

2. 四元数运算符

如前文所述,在收到欧拉角 z 方向的偏移值后,通常需要先将待修正的工件坐标系数据的四元数转化为欧拉角,其次进行加减运算,最后将其转化为四元数。

ABB 工业机器人直接提供了对于四元数的相关运算指令符"*",其用法如下:

```
VAR orient o10:=[1,0,0,0];
o10:=o10*OrientZYX(10,0,0);
```

以上语句表示绕着姿态数据 o10 的原有姿态坐标系的 z 方向旋转 10°，得到新的姿态数据 o10。

注意："o10:=o20*o30" 表示 o20 右乘 o30，即绕着 o20 的坐标系旋转 o30。姿态的乘法运算不满足交换律。

对于前文所述的修正工件坐标系的方法，也可使用如下语句修正姿态：

Workobject_1.oframe.rot:=Workobject_1_ini.oframe.rot*OrientZYX(cam_angle,0,0);

2.7 先抓取后拍照

假设来料的位置有偏差，要求机器人去固定位置抓取产品（抓取位置未做修正）。机器人抓取产品后，经过相机上方的固定位置，相机识别机器人抓手中的产品位置偏差并将数据传送给机器人。机器人接收到相机的纠正数据后，准确地将产品放置到目标位置，如图 2-36 所示，如何实现该项功能呢？

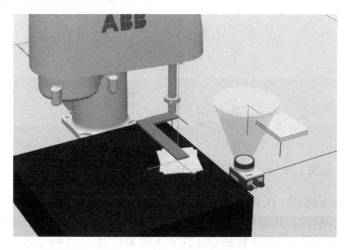

图 2-36 先抓取后拍照案例

与前文不同，此类属于抓取位置固定的情况。机器人在抓取到产品后（产品的位置误差尚未修正），若直接放置到之前示教的位置，则放置产品的位置肯定不准确。

当机器人以同一个 TCP 和同样的姿态下去抓取位置抓料时，由于来料位置的误差，当机器人走到固定拍照位置并拍照时，相机视野下的产品位置如图 2-37 所示，即机器人仍然以 Old TCP 走到了相机的视野中心，但是产品图像发生了平移和旋转。此时若能修正机器人的 Old TCP 到实际产品的中心位置，则相当于机器人正确地抓取了产品。用新 TCP 走到原有标准 pPlace 放置位置，就能成功放置产品。

对于运动语句"MoveL pPlace,v100,fine,tool1\WObj:=wobj1"，机器人执行时实际上是使用当前工具tool1走到工件坐标系wobj1下的pPlace位置。在工件坐标系wobj1下的pPlace位置并未发生偏差，而是之前的来料误差导致了抓取的偏差，使得机器人用原有工具tool1走到放置位置 pPlace 时产生放置偏差。通过视觉修正，使得 tool1 能被修正到刚好对应有误差的来料上（图 2-37 中的产品实际位置），此时机器人使用修正后的 tool_new 去执行"MoveL pPlace,v100,fine,tool_new\WObj:=wobj1"语句即可准确地放置产品。

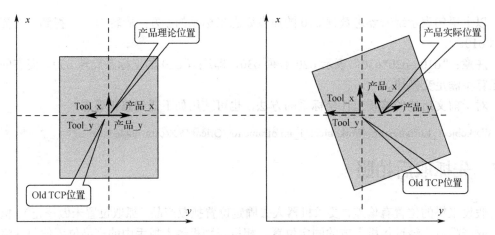

图 2-37　相机视野下的理论产品位置和实际产品位置

图 2-38 为机器人采用 New Tool 走到标准放置位置 pPlace，完成标准放置动作。

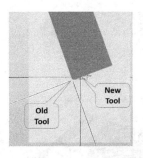

图 2-38　机器人采用 New Tool 走到标准放置位置 pPlace1

假设相机视野下的 Old TCP 位置和方向如图 2-39 所示（**注意：**原有 Old TCP 的方向与相机坐标系方向的差异），从图中可以知道，在相机坐标系下，新 TCP 相对于 Old TCP 的偏差为（x_1, y_1, θ），则在工具坐标系 Old TCP 下的偏差为（$x_1, -y_1, -\theta$）。

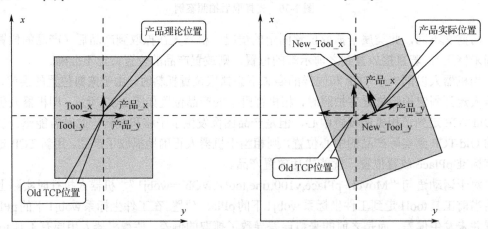

图 2-39　相机视野下的 Old TCP 位置和方向

工具数据 tooldata 中的 tframe 就是当前工具 TCP 在 tool0 坐标系下的位置偏移和姿态偏移。已知 Tool_Old_TCP，又知道 Tool_New_TCP 相对于 Tool_Old_TCP 的关系，则可以得到 Tool_New_TCP 相对于 tool0 的关系，也就是需要真正计算得到的新 TCP（对应图 2-39 中的 New_tool，此时 New_tool_TCP 位于产品实际的中心位置）。

ABB 工业机器人提供了函数 PoseMult(pose1, pose2) 来完成以上计算，即已知坐标系 2 相对于坐标系 1 的关系为 pose2，坐标系 1 相对于坐标系 0 的关系为 pose1，则坐标系 2 相对于坐标系 0 的关系为 PoseMult(pose1, pose2)，如图 2-40 所示。

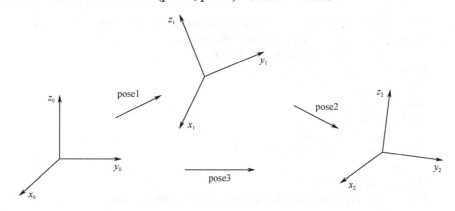

图 2-40　PoseMult 函数

对于前文所述的利用相机的拍照数据求取机器人的新 TCP，可以使用代码 2-12 来实现。

代码 2-12

```
VAR pose pose1;
toolNew:=tool_old;
pose1.trans.x:=x1;
pose1.trans.y:=-y1;
pose1.rot:=OrientZYX(-theta,0,0);
!转化欧拉角到四元数，注意方向
toolNew.tframe:=PoseMult(tool_old.tframe,pose1);
!已知新 TCP 相对于老 TCP 的关系，使用 PoseMult 函数计算新 TCP 相对于 tool0 的关系
```

对于先抓取后拍照的完整代码如代码 2-13 所示（与相机相关的 Socket 通信部分省略）。

代码 2-13

```
    CONST    robtarget    Target_10:=[[399.99999418,-0.000001341,102.000013483],[0,1,-0.00000006,0],
[-1,0,0,0],[9E+09,9E+09,9E+09,9E+09,9E+09,9E+09]];
    CONST    robtarget    Target_cam:=[[399.999997579,184.207507128,191.506920871],[0,1,-0.00000003,0],
[0,0,0,0],[9E+09,9E+09,9E+09,9E+09,9E+09,9E+09]];
    TASK PERS tooldata Tooldata_1:=[TRUE,[[200,100,5],[1,0,0,0]],[1,[0,0,1],[1,0,0,0],0,0,0]];
    !Tooldata_1 为标准 TCP，抓料等均使用该 TCP
    PERS tooldata toolNew:=[TRUE,[[200,95.3151,5],[0.971243,0,0,0.238091]],[1,[0,0,1],[1,0,0,0],0,0,0]];
    !toolNew 为视觉校准后的 TCP，放料使用该 TCP
    PERS pos pos1:=[0,4.68485,-480.8];
    VAR robtarget pPlace:=[[0,0,0],[1,0,0,0],[0,0,0,0],[9E9,9E9,9E9,9E9,9E9,9E9]];
    VAR num count:=0;
    VAR num height:=2.5;

    PROC main()
        Reset do_attach;
        WHILE count<5 DO
```

```
        Waitdi di_product,1;
        !等待来料信号
        MoveL Offs(Target_10,0,0,90),vmax,z100,Tooldata_1\WObj:=wobj0;
        MoveL Target_10,v1000,fine,Tooldata_1\WObj:=wobj0;
        !使用标准 TCP 抓料
        Set do_attach;
        WaitTime 0.3;
        MoveL Offs(Target_10,0,0,90),v1000,z100,Tooldata_1\WObj:=wobj0;
        MoveL Target_cam,v500,fine,Tooldata_1\WObj:=wobj0;
        !使用老 TCP Tooldata_1 走到固定拍照位置
        PulseDO\PLength:=0.1,do_cam;
        !请求拍照
        waitdi di_cam_ok,1;
        !等待拍照成功信号
        !cam socket communication
        !与相机 Socket 通信，提取数据
        cam_cal;
        !对获取到的数据进行运算
        MoveL Offs(Target_cam,0,50,0),v500,fine,Tooldata_1\WObj:=wobj0;
        rPlace;
        Incr count;
    ENDWHILE
ENDPROC

PROC cam_cal()
    VAR pose pose1;
    toolNew:=Tooldata_1;
    pose1.trans.y:=-pos1.y;
    pose1.trans.x:=pos1.x;
    pose1.rot:=OrientZYX(-theta,0,0);
    toolNew.tframe:=PoseMult(toolNew.tframe,pose1);
    !计算新 TCP
    TPWrite "toolNew "\pos:=toolNew.tframe.trans;
ENDPROC

PROC rPlace()
    pPlace:=Offs(Target_20,0,0,height*count);
    MoveL Offs(pPlace,0,0,30),v500,z100,toolNew\WObj:=wobj0;
    MoveL pPlace,v100,fine,toolNew\WObj:=wobj0;
    !使用新 TCP 放置，放置点位置就是 pPlace
    Reset do_attach;
    WaitTime 0.5;
    MoveL Offs(pPlace,0,0,30),vmax,z100,toolNew\WObj:=wobj0;
    Stop;
ENDPROC
```

2.8 飞拍

通常机器人抓取到产品后会走到固定的拍照位置并在该位置停止，然后再请求拍照，接收相机处理后的结果数据对其进行矫正。拍照定位处理时，机器人是静止的。

为提高生产的节拍,"飞拍"概念被广泛应用,即机器人在经过拍照点时不停止运动——机器人边运动边拍照。机器人接收到相机发来的数据后,实时调整机器人的相关参数并完成后续动作。

考虑到传输信号的延时等问题,机器人在经过固定拍照位前需要触发拍照信号。常见的提前触发拍照信号的方法如下。

(1) 机器人经过相机前的传感器,传感器感应到机器人工具并触发拍照。传感器与实际拍照位置的距离需要经过反复测试,以保证传感器触发的拍照信号能在机器人刚好走到相机上方的固定位置时让相机拍照,如图 2-41 所示。

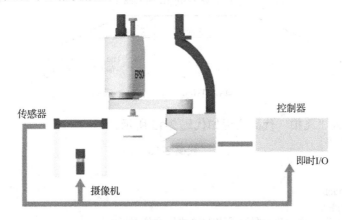

图 2-41　通过外部传感器提早触发拍照信号

(2) 机器人经过相机前自身发出信号,即在到达某些位置前的特定位置或者特定时间发送信号,运动过程不停止。

本节主要采用方法(2)(如图 2-42 所示),可以使用 ABB 工业机器人的 TriggerL 指令,配合触发数据 TriggInt,首先在指定位置前一定距离或者时间发出信号,其次在中断程序里等待拍照完成信号,最后在中断程序里同时接收数据并更新机器人 TCP。整个过程,机器人不停止运动。

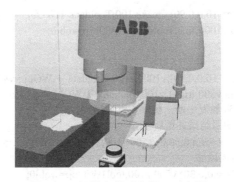

图 2-42　机器人的"飞拍"示意图

如代码 2-14 所示,表示当 TCP 分别位于点 p1 或 p2 前 5mm 处的位置时,运行中断程序 trap1(图 2-43)。

代码 2-14

```
VAR intnum intno1;
```

```
VAR triggdata trigg1;
PROC main()
    CONNECT intno1 WITH trap1;
    TriggInt trigg1, 5, intno1;
    ...
    TriggL p1, v500, trigg1, z50, gun1;
    TriggL p2, v500, trigg1, z50, gun1;
    ...
    IDelete intno1;
```

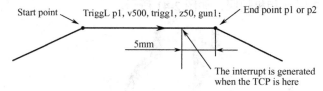

图 2-43　TriggL 与 TriggInt 示例

完整的机器人"飞拍"代码实现如代码 2-15 所示。

代码 2-15

```
PROC main()
    reset do_attach;
    tool1:=Tooldata_1;
    !Tooldata_1 为标准 TCP，即采用该 TCP 去固定位置抓取
    count:=0;
    IDelete intno1;
    CONNECT intno1 WITH tr1;
    TriggInt trigg1,0.5\Time,intno1;
    !此处设计为固定点前 0.5s 触发中断，也可使用提早距离

    WHILE count<5 DO
        tool1:=Tooldata_1;
        PulseDO do_new;
        MoveL Offs(Target_10,0,0,90),vmax,z100,Tooldata_1\WObj:=wobj0;
        MoveL Target_10,v1000,fine,Tooldata_1\WObj:=wobj0;
        set do_attach;
        WaitTime 0.3;
        MoveL Offs(Target_10,0,0,90),v1000,z100,Tooldata_1\WObj:=wobj0;
        TriggL Target_cam,v500,trigg1,z100,Tooldata_1\WObj:=wobj0;
       !经过拍照点前 0.5s 触发中断，机器人继续运动
       !中断事件内收到拍照结果并更新 TCP
          MoveL Offs(Target_cam,0,50,0),v500,z100,Tooldata_1\WObj:=wobj0;
           !用老的 TCP 继续运动
          MoveL Offs(pPlace,0,0,30),v500,z100,tool1\WObj:=wobj0;
       !放置时，采用修正后的新 TCP tool1
       !运动过程转弯半径不采用 fine，保证机器人不停止

       ....
       Incr count;
    ENDWHILE
ENDPROC

TRAP tr1
```

```
        VAR pose pose1;
        PulseDO\PLength:=0.1,do_cam;
        !发出拍照信号
        waitdi di_cam_wait,1;
        !等待拍照完成信号
        !此处也可修改为通过 Socket 接收数据
        pose1.trans.y:=-pos1.y;
        pose1.rot:=OrientZYX(-pos1.z/1000*180/pi,0,0);
        tool1.tframe:=posemult(tool1.tframe,pose1);
    !更新 TCP，由于拍照结果相对于原 TCP，故使用位姿的右乘
    !注意拍照结果与原有 TCP 坐标系的关系
        TPWrite "tool1 "\Pos:=tool1.tframe.trans;
        TPWrite "tool1 rz"\Num:=-pos1.z/1000*180/pi;
ENDTRAP
```

2.9 康耐视视觉产品介绍

康耐视公司（Cognex）设计、研发、生产和销售各种集成复杂的机器视觉技术的产品，即有"视觉"的产品。康耐视的产品包括广泛应用于全世界的工厂、仓库及配送中心的条码读码器、机器视觉传感器和机器视觉系统，能够在产品生产和配送的过程中引导、测量、检测、识别产品并确保其质量。

作为全球领先的机器视觉公司，康耐视自从 1981 年成立以来，已经销售了 90 多万套基于视觉的产品，累计利润超过 35 亿美元。康耐视的模块化视觉系统部门，总部位于美国马萨诸塞州的 Natick 郡，专攻用于多个离散项目制造自动化和确保质量的机器视觉系统。

康耐视视觉产品主要包括读码器（条形码、二维码等）和视觉产品（2D 相机、3D 相机、视觉软件）。康耐视公司相关产品可以访问 https://www.cognex.cn/zh-cn 网址获取相关信息。

如图 2-44 所示为康耐视 In-sight 5000 系列的智能相机。

对于 In-Sight 等系列的智能相机（拍图、图像处理、结果运算输出均在相机内完成），可以通过 In-Sight 软件快速配置。对于更复杂的视觉算法运算，可以使用 VisionPro 软件配合普通相机（只拍图，输出为图片）完成。

图 2-44　康耐视 In-sight 5000 系列的智能相机

2.10 In-Sight 软件介绍与安装

在安装完 In-Sight 软件后打开软件，如图 2-45 所示。若暂无实际的智能相机可以连接，可以通过 In-Sight 软件强大的仿真功能进行测试。

首次打开软件，若使用仿真功能，需要获取免费授权。如图 2-46 所示，进入 In-Sight "系统"-"选项"。如图 2-47 所示，单击"仿真"，复制"脱机编程引用"处的相关码。进入康耐视公司官方模拟器密钥生成网页（https://support.cognex.com/zh-cn/InsightEmulatorKey），粘贴先前复制的"脱机编程引用"码并获得"脱机编程密钥"（图 2-48）。

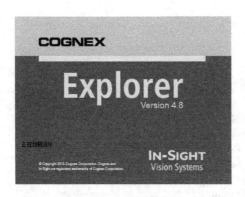 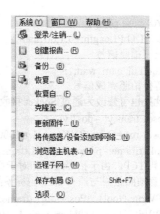

图 2-45　In-Sight 软件的开启界面　　　　图 2-46　In-Sight"系统"菜单栏

图 2-47　In-Sight"选项"-"仿真"设置界面

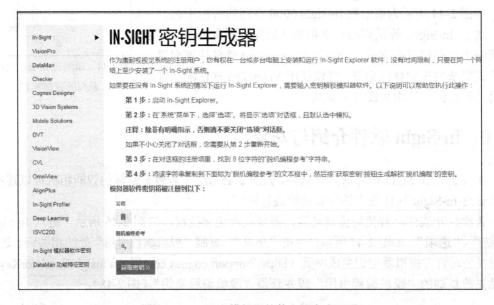

图 2-48　In-Sight 模拟器软件密钥生成网页

图 2-49 为 In-Sight 软件的主界面，左侧的"In-Sight 网络"会显示网络上所有的相机（包括仿真器）。选择对应的相机设备，并单击"连接"按钮。对于真实相机，如图 2-50 所示，选择"传感器" - "网络设置"，设置对应的 IP 地址等信息。

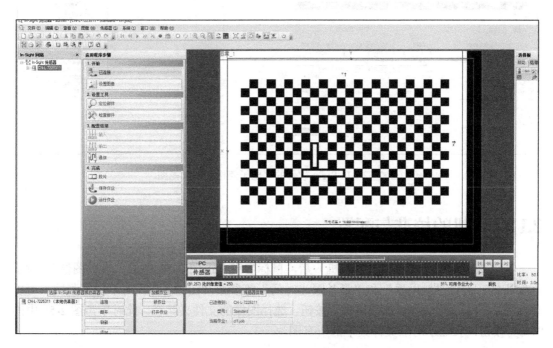

图 2-49　In-Sight 软件的主界面

图 2-49 也是 In-Sight 软件的 EasyBuilder 视图模式。在该视图模式下，可以根据软件中的"应用软件步骤"，按步骤进行设置并完成配置，此模式适合初学者。

鼠标右键单击对应的相机名，选择"显示电子表格视图"，如图 2-51 所示，则 In-Sight 软件会切换到电子表格视图（图 2-52）。在该视图下，可以通过拖拽右侧函数做较复杂和深入的开发，此模式适合进阶使用者。本章节后续内容均以 EasyBuilder 视图为例讲解。其他 In-Sight 函数及使用方法，参见该软件的帮助文档。

图 2-50　In-Sight 软件的网络设置

图 2-51　切换到"电子表格视图"

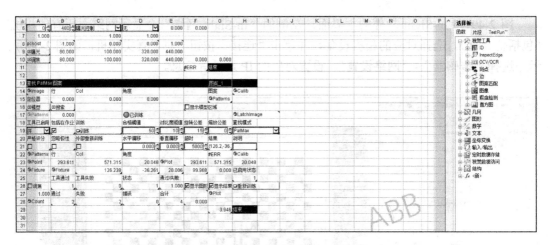

图 2-52 In-Sight 软件的"电子表格视图"视图

2.11 相机的校准与配置

在连接上相机（或者模拟器相机）后，鼠标右键单击图 2-53 中的"设置图像"。对于真实相机，设置"触发器"和"最长曝光时间"等参数（图 2-54）。对于仿真测试，可以单击图 2-54 中的"从 PC 加载图像"按钮，选择图像的文件夹路径。此时单击图 2-55 中的"PC"按钮，会显示对应文件夹下的所有图片。

图 2-53 应用程序步骤界面

图 2-54 设置图像界面

设置完采集图像等信息后，需要对图像进行标定。图像中的信息单位是像素，无法直接使用。通常我们需要把对应的像素信息转化为长度单位（mm），将图像中的坐标系与目标坐标系重合。

第 2 章 基于 Socket 通信的视觉引导抓取

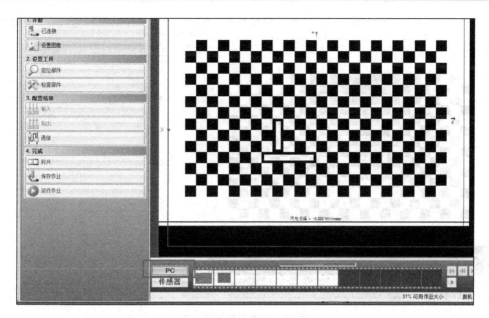

图 2-55 显示 PC 本地图像

图像的标定方式有很多，可以在图 2-56 中的"校准类型"下拉框中选择标定方式进行校准。通常建议使用"网格"标定方式，即图 2-55 中的"棋盘格"标定纸。

单击图 2-56 中的"校准"按钮，进入图 2-57 所示的校准设置界面，此处可以根据实际设置网格的间距（mm）。若无棋盘格图片，可以单击"打印网格"按钮。

图 2-56 "校准类型"的选择

若此时选择的图片为棋盘格图片，单击图 2-57 中的"姿势"，则 In-Sight 软件会自动找到棋盘格图片中的交叉点并标注，如图 2-58 所示。此时单击"校准"按钮，则会产生如图 2-59 所示的校准结果与得分，此时图像的像素坐标已经转化到如图 2-59 所示的坐标系下。

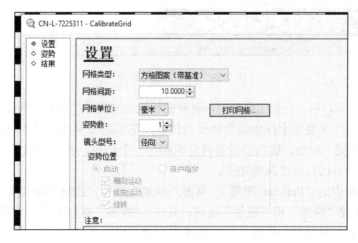

图 2-57 校准设置界面（1）

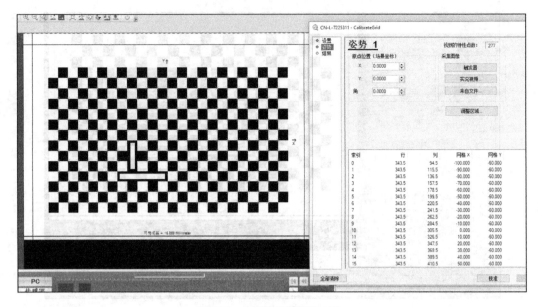

图 2-58　校准设置界面（2）

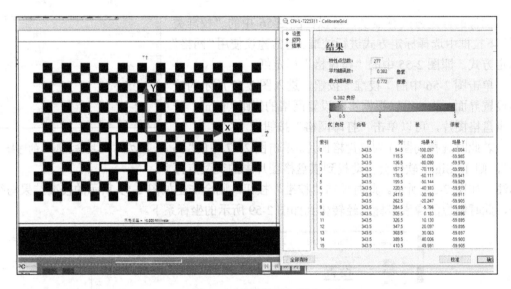

图 2-59　校准结果与得分

如图 2-60 所示，在"设置工具"中，康耐视相机主要提供"定位部件"和"检查部件"功能。"定位部件"主要用于找出图像特征点位置，常见的工具如图 2-60 所示。此处举例使用"PatMax 图案"功能，该功能最多只会识别出一个结果。若要识别多个同种产品，使用 PatMax 图案（1-10）或者其他功能。

选中图 2-60 中的"PatMax 图案"，单击"添加"按钮，出现如图 2-61 所示的界面，在该界面中，设置"模型"和"搜索"区域。其中，"搜索"区域表示要对图像的哪些区域进行搜索；"模型"区域表示图像要学习的模板范围。

在图 2-62 中，可以对其他参数进行设置，如"旋转公差"。该参数默认为 15°，即若识别结果旋转角度大于 15°，则认为产品识别不合格，可以根据需要调整该参数。若图像识别结果中出现干扰项，可以单击图 2-62 中的"模型区域"按钮，对模板图像进行增减区域并重新训练。图 2-62 的右上角显示当前图像识别结果的位置坐标、角度和得分。

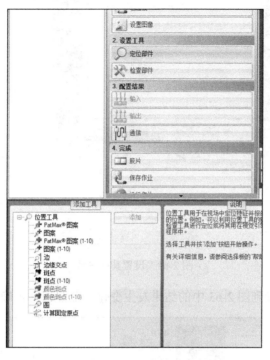

图 2-60 "设置工具"

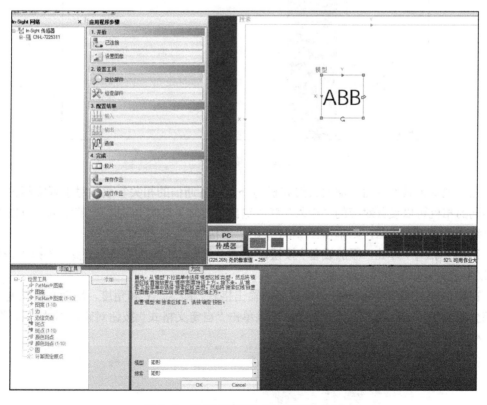

图 2-61 设置"模型"和"搜索"区域

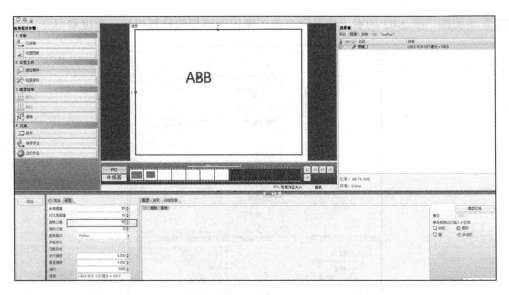

图 2-62 设置其他参数

更换图片,可以看到图 2-63 中的结果发生变化,证明识别正确。

图 2-63 结果显示

完成视觉工具设置后,需要设置相机与外界设备通信的相关参数。对于真实相机,根据不同的相机可以设置对应的"输入"和"输出"信号(真实 I/O 点)。若相机与机器人通过总线或者以太网通信,则单击图 2-64 中的"通信"。

在图 2-65 中,单击"添加设备"按钮,"设备"选择"机器人","制造商"选择"ABB","协议"选择"以太网本机机器人"。

在图 2-66 中会显示数据默认设置好的输出格式,即 X、Y 和角度,均为 9 位长度,不足部分用 0 表示,数据之间无分隔符。可以单击"自定义格式"按钮对输出格式进行修改。

图 2-64 应用程序步骤界面

图 2-65 通信设备的设置

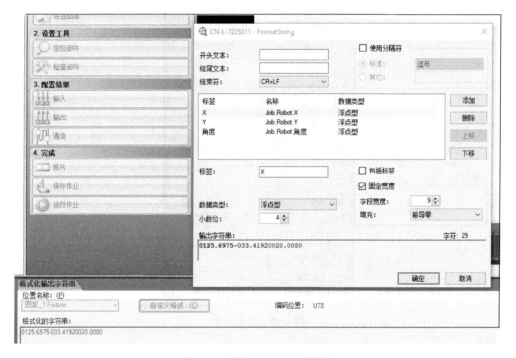

图 2-66 数据输出格式的设置

例如,希望输出格式为每个数据保留 2 位小数,数据之间用逗号隔开,数据结束以"回车换行"结束(对应的 ASCII 码为 0D 和 0A),可以按照图 2-66 进行设置。注意,对于 X、Y 和角度要分别设置,设置结果如图 2-67 所示。

完成设置后,可以单击图 2-68 中的"保存作业"和"运行作业"。康耐视相机的"作业"保存格式为*.job。

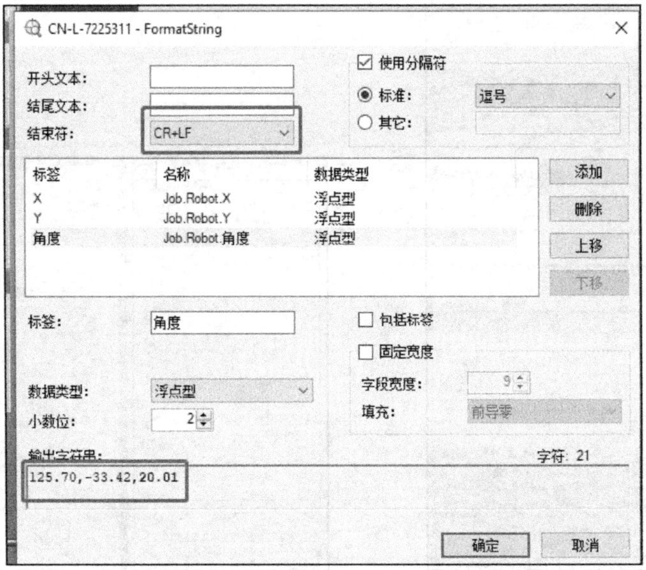

图 2-67　自定义数据的输出格式

图 2-68　保存作业

2.12　机器人与康耐视通信

　　In-Sight 软件提供了丰富的帮助文档。对于康耐视相机与 ABB 工业机器人通信，也可以在帮助文档中搜索得到例子，如图 2-69 所示，该帮助包含相机与机器人通过串口通信和以太网通信两个例子。

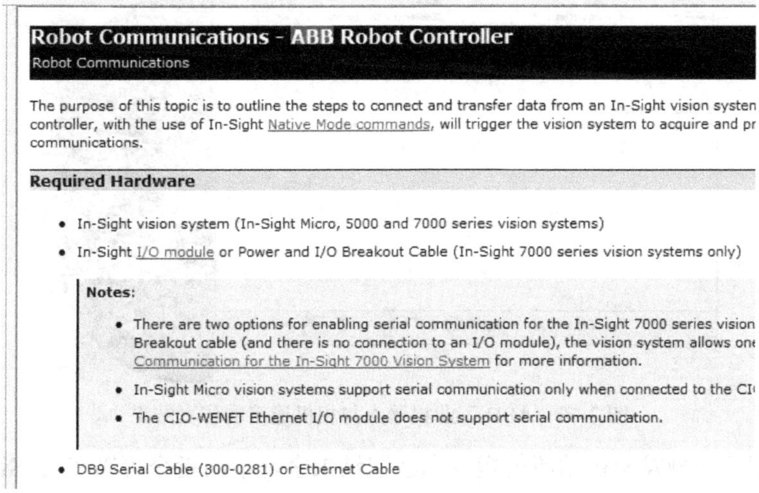

Robot Communications - ABB Robot Controller

Robot Communications

The purpose of this topic is to outline the steps to connect and transfer data from an In-Sight vision systen
controller, with the use of In-Sight Native Mode commands, will trigger the vision system to acquire and pr
communications.

Required Hardware

- In-Sight vision system (In-Sight Micro, 5000 and 7000 series vision systems)
- In-Sight I/O module or Power and I/O Breakout Cable (In-Sight 7000 series vision systems only)

Notes:

- There are two options for enabling serial communication for the In-Sight 7000 series vision
Breakout cable (and there is no connection to an I/O module), the vision system allows one
Communication for the In-Sight 7000 Vision System for more information.
- In-Sight Micro vision systems support serial communication only when connected to the CI
- The CIO-WENET Ethernet I/O module does not support serial communication.

- DB9 Serial Cable (300-0281) or Ethernet Cable

图 2-69　康耐视帮助文档

ABB 工业机器人与相机 Socket 通信时，通常 ABB 工业机器人作为客户端。ABB 工业机器人与相机初次连接时，需要输入账号和密码。康耐视相机默认的账号为 Admin，密码为空。

ABB 工业机器人与相机连接的实现如代码 2-16 所示。

代码 2-16

```
VAR socketdev socket1;
VAR string received_string;
PROC main_vision()
    SocketClose socket1;
    waittime 2;
    SocketCreate socket1;
    SocketConnect socket1,"127.0.0.1",23;
    !康耐视相机默认的端口号为 23
    SocketReceive socket1\Str:=received_string;
    !接收欢迎信息
    TPWrite received_string;
    SocketSend socket1\Str:="admin\0D\0A";
    !输入账号，以回车键换行结尾
    SocketReceive socket1\Str:=received_string;
    !接收信息，提示输入密码
    TPWrite received_string;
    SocketSend socket1\Str:="\0D\0A";
   !输入密码，空格+回车键换行
    SocketReceive socket1\Str:=received_string;
    TPWrite received_string;
ENDPROC
```

对 ABB 工业机器人与相机的连接进行仿真，其结果如图 2-70 所示。

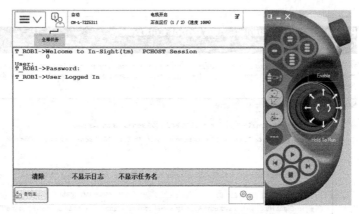

图 2-70 ABB 工业机器人与相机连接的仿真结果

康耐视相关的触发相机拍照的指令和获取结果字符串的指令可以在 In-Sight 软件的帮助文档中查看。

（1）SW8 指令表示请求拍照并等待返回结果，如图 2-71 所示。

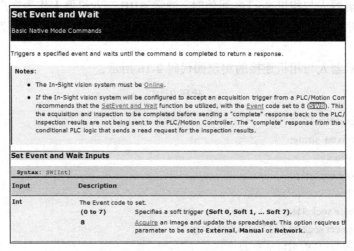

图 2-71 SW8 指令

（2）GV（Get Value）指令表示从某个单元格获取结果，如图 2-72 所示。将 EasyBuilder 视图切换到电子表格视图，可以发现在 U078 单元格中存储有输出结果，如图 2-73 所示。故在获取结果时，可以发送字符串"GVU078"。

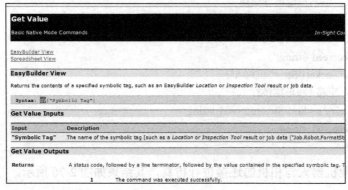

图 2-72 GV 指令

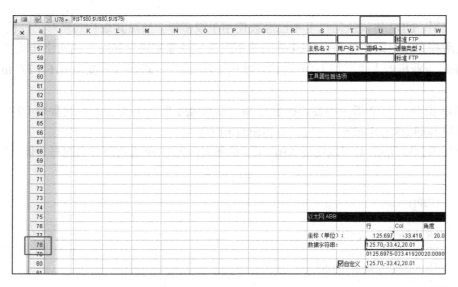

图 2-73 电子表格视图，U078 单元格

机器人请求拍照与获取结果的实现如代码 2-17 所示。

代码 2-17

```
SocketSend socket1\Str:="SW8\0D\0A";
! 请求拍照并等待结果
! 仿真时，不可触发拍照，即跳过这一段
! SocketReceive socket1\Str:=received_string;
! 返回表示拍照成功
TPWrite "recevice data";
SocketSend socket1\Str:="GVU078\0D\0A";
! 从单元格 U078 获取结果
SocketReceive socket1\Str:=received_string;
TPWrite received_string;
```

仿真时，不可触发相机拍照。直接获取结果后，返回值如图 2-74 所示，首先返回 1 表示执行成功，然后再返回具体数值。

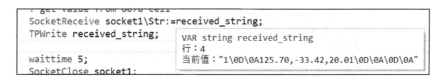

图 2-74 U078 单元格返回值

2.13 UDP 通信

UDP 协议与 TCP 协议一样，用于处理数据包。在 OSI 模型中，两者都位于传输层，处于 IP 协议的上一层。UDP 有不提供数据包分组、组装和不能对数据包进行排序的缺点，也就是说，当报文发送之后，是无法得知其是否安全完整到达的。UDP 用来支持那些需要在计算机之间传输数据的网络应用，包括网络视频会议系统在内的众多的客户/服务器模式

的网络应用。UDP 协议从问世至今已经被使用了很多年,虽然其最初的光彩已经被一些类似协议所掩盖,但即使在今天,UDP 仍然不失为一项非常实用和可行的网络传输层协议。

ABB 工业机器人也支持 UDP 通信。使用 UDP 通信,机器人需要有 616-1 PC Interface 选项。

UDP 指令与 TCP 指令类似。在创建 Socket 套接字时,需要加入可选参数\UDP。收发数据使用 SocketReceiveFrom 和 SocketSendTo 指令。

如代码 2-18 所示,其可以实现 ABB 工业机器人作为 UDP 通信服务器端与其他设备通信。

代码 2-18

```
PROC test_UDP()
    VAR string str_data;
    VAR string RemoteAddress;
    VAR num RemotePort;
    VAR socketdev myUDPsock;
    reg1:=0;

    SocketCreate myUDPsock\UDP;
    SocketBind myUDPsock,"127.0.0.1",4044;
    !绑定 4044 端口
    WHILE TRUE DO
        SocketReceiveFrom myUDPsock\Str:=str_data,RemoteAddress,RemotePort;
        !接收数据并存储到 str_data
        !将对方的地址和端口分别存入 RemoteAddress 和 RemotePort
        TPWrite str_data;
        waittime 1;
        reg1:=reg1+1;
        SocketSendTo myUDPsock,RemoteAddress,RemotePort\Str:="Hello UDP CLIENT "+ValToStr(reg1);
        !发送数据
    ENDWHILE
ENDPROC
```

打开 Socket 测试软件,新建 UDP 客户端,设置对方的端口等信息,如图 2-75 所示。运行机器人程序后,其结果如图 2-76 所示。

图 2-75 创建 UDP 客户端

第 2 章 基于 Socket 通信的视觉引导抓取

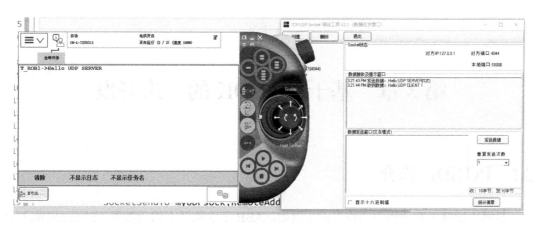

图 2-76 测试结果

第3章　基于 PC SDK 的二次开发

3.1　PC SDK 简介

机器人通常带有通用的操作界面［例如，ABB 工业机器人的示教器（Flexpendant）上的画面］。然而，不同的流程需要不同的操作员处理，客户需要灵活的解决方案来满足特定用户的不同需求。

PC SDK 允许系统集成商、第三方或最终用户为 ABB 工业机器人 IRC5 控制器添加自己定制的操作界面，这些自定义应用程序可以是独立的 PC 应用程序，通过网络与机器人控制器通信。还可以使用 PC SDK 与真实控制器或者运行在 RobotStudio 内的虚拟控制器通信。

一个设计良好的用户界面能够在适当的时间提供用户所需的相关信息和功能。在这方面，定制用户界面显然非常适合最终用户。由于定制的解决方案更易于操作，它们还优化了用户在自动化方面的投资。

PC SDK 支持 IRC5 的自定义用户界面。但是，必须记住，PC SDK 本身并不能保证增加客户价值。为了实现这一点，应该谨慎开发 PC SDK 应用程序，并着重强调易用性。事实上，了解最终用户的需求对于实现接口的定制至关重要。

PC SDK 使用 Microsoft.NET 技术和 Microsoft Visual Studio。要使用 PC SDK，需要知道如何使用 Microsoft Visual Studio 在 Windows 平台中进行编程。

在 PC 应用程序中，任何一种.NET 语言都可以工作，但 ABB 工业机器人提供的 PC SDK 只为 Visual Basic 和 C#提供支持。

对于熟悉 Microsoft Visual Studio 和.NET 的 Windows 程序员来说，开发自定义的操作员视图相当简单。

ABB 工业机器人为了让应用程序的开发人员能尽可能快地开始开发工作已经做出了相当大的努力。应用程序的开发人员在开发测试阶段，就完全可以使用 RobotStudio 的虚拟 IRC5 控制器来测试和调试控制器应用程序。

在安装完 PC SDK 安装包后，实际上 ABB 工业机器人为用户提供了一系列的动态链接库（DLL），方便用户直接使用，该 DLL 仅支持在 C#和 VB 中使用。

PC SDK 可以访问的机器人控制器对象范畴如图 3-1 所示。

可以通过网址 https://developercenter.RobotStudio.com/pc-sdk 下载最新的 ABB 工业机器人 PC SDK 安装包。同时，该网页还提供在线手册和帮助文档。本章节以 PC SDK 6.08 为例进行讲解。

下载并安装 PC SDK 后，默认文件会存放于 C:\Program Files (x86)\ABB Industrial IT\Robotics IT\SDK\PCSDK XXX 目录下，文件夹内的主要文件如图 3-2 所示。其中，PC_SDK_Refenrence_Documentation.chm 为详细手册；ABB.Robotics.Controllers.PC.dll 为后续要调用的 DLL 文件。

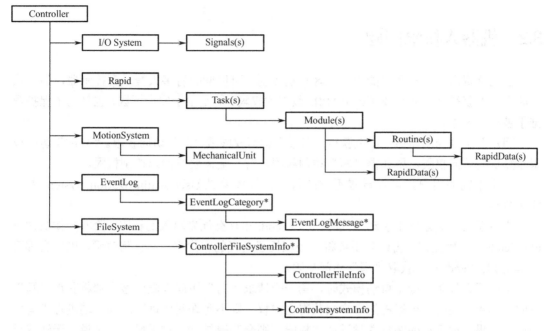

图 3-1　PC SDK 可以访问的机器人控制器对象范畴

若使用 PC SDK 进行开发并与真实机器人的 WAN 网口通信，则真实机器人需要有 616-1 PC Interface 选项；若 PC 仅与 Service Port 通信或者与虚拟仿真控制器通信，则机器人不需要有 616-1 PC Interface 选项。

PC SDK 提供了用于开发 PC-Based（C#）应用程序的 API，以便与机器人控制器交互。ABB.Robotics.Controllers.PC.dll 提供了用于开发应用程序的公共 API，以便用户对 Robot 控制器执行各种操作。如图 3-3 所示为 PC SDK 的软件架构。

图 3-2　PC SDK 默认安装后的文件

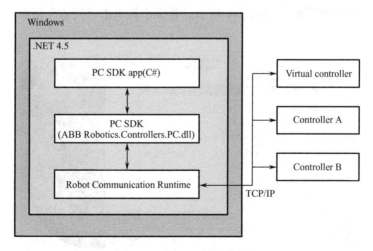

图 3-3　PC SDK 的软件架构

3.2 机器人权限问题

控制器资源同一时间只能由单个客户端控制。可以同时有多人登录到控制器，但一次只能有一人获得运行命令或更改 RAPID 数据的权限。这是出于安全原因，也是为了保护数据不被意外覆盖。

用户登录到控制器后，可以获得"只读"访问权限或"写"访问权限。"只读"访问权限是默认的访问权限。要获得"写"访问权限，客户端需要有请求控制权限。

对于不同的用户，可以设置不同的权限，具体参见 User Authorization System 中的相关内容。

当机器人控制器处于手动模式时，FlexPendant 具有优先写入的权限。除非操作员通过 FlexPendant 明确允许，否则其不会将主控权授予远程的客户端。在任何时候，操作员都可以单击 FlexPendant 以获取"写"访问权限。

当机器人控制器处于自动模式时，第一个请求"写"访问权限的客户端将获得"写"权限。如果已经有一个远程的客户端获得主控权，则不允许其他远程的客户端进行"写"访问。如果其他远程的客户端尝试请求权限，则会获得异常。对于操作员来说，无法通过 FlexPendant 进行撤销控制权（收回控制权限到 FlexPendant）。若操作员要通过 FlexPendant 获得权限，只能将机器人控制器的操作模式切换到手动模式。

对于远程的客户端（如 PC SDK 应用程序），应用程序的程序员必须小心地实现主控权处理。

上位机对以下两方面进行"写"操作需要权限：
- RAPID
- Configuration

大多数情况下，当机器人控制器处于手动模式时，让 PC SDK 应用程序执行需要获取权限的操作是不方便的。例如，启动程序执行甚至是不允许的。

在手动模式下，当远程的客户端（PC SDK 应用程序）请求权限时，FlexPendant 上将显示"请求写权限"对话框，如图 3-4 所示。若操作员单击"同意"按钮，则将主控权授予请求的客户端。

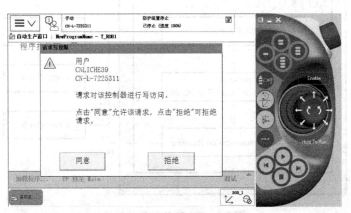

图 3-4 "请求写权限"对话框

如果授予主控权,则远程的客户端有权访问机器人控制器资源。此时,若操作员希望 FlexPendant 重新获得权限,则可以单击 Flexpendant 上的"撤回"按钮,收回权限。

3.3 连接机器人控制器

打开 Visual Studio(本书以 Visual Studio 2019 举例讲解),新建一个项目(使用 C#语言),如图 3-5 所示。新建一个窗体应用程序,模板使用"Windows 窗体应用"(.NET Framework)。

图 3-5 新建一个窗体应用程序

鼠标右键单击"引用",添加之前已经安装好的 ABB.Robotics.Controllers.PC.dll,默认的路径为"C:\Program Files (x86)\ABB Industrial IT\Robotics IT\SDK\PCSDK XXX"。添加引用完成后的结果如图 3-6 所示。

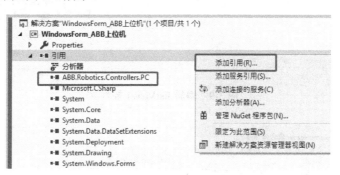

图 3-6 添加引用完成后的结果

由于上位机连接机器人控制器涉及部分命名空间的引用,所以需要在 C#窗体应用程序的最上方添加代码 3-1 中的引用。

代码 3-1

```
using ABB.Robotics.Controllers;
using ABB.Robotics.Controllers.Discovery;
using ABB.Robotics.Controllers.RapidDomain;
```

如图 3-7 所示,以下示例将实现用户通过单击"刷新"按钮(Button),上位机即可自动扫描网络上的机器人信息,并将其在 ListView 控件中显示;双击对应机器人的信息,用户即可登录对应的机器人控制器。

如图 3-8 所示,从 Visual Studio 左侧的工具箱中选择 ListView 控件,将其拖入设计区域,并调整其大小。

图 3-7 扫描网络上的机器人信息并将其在 ListView 控件中显示　　图 3-8 插入 ListView 控件

鼠标右键单击 listView1 控件右上角的"小三角"图标,将"视图"选择为"Details",同时单击"编辑列...",如图 3-9 所示。此处举例在 listView1 控件中显示"系统名称"、"系统 IP"、"Robotware 版本"、"是否虚拟"和"控制器名称"五项信息。如图 3-10 所示,修改列属性中的"Text"属性。

图 3-9　编辑 listView1 控件

图 3-10　修改列属性中的"Text"属性

在 C#的窗体应用程序中创建一个按钮,并修改其"Text"属性为"刷新"。
首先,声明代码 3-2 中的变量。

代码 3-2

```
private NetworkScanner scanner = null;
//机器人网络扫描器 NetworkScanner 类的实例化对象 scanner
private Controller controller = null;
//机器人控制器 Controller 类的实例化对象 controller
private ABB.Robotics.Controllers.RapidDomain.Task[] tasks = null;
private NetworkWatcher networkwatcher = null;
```

其次，在"刷新"按钮对应的 Click 事件中添加代码 3-3。

代码 3-3

```
if (scanner == null)
    {
         scanner = new NetworkScanner();
    }
   scanner.Scan();//对网络进行扫描
   this.listView1.Items.Clear();
//清空 listView1 中的内容
   ControllerInfoCollection controls = scanner.Controllers;
//网络上所有机器人的信息返回给 ControllerInfoCollection 类型的数据 controls
//关于 ControllerInfoCollection 的属性和方法，可以参考手册中的 ControllerInfoCollection 部分
   foreach (ControllerInfo info in controls)
   {
         //对于所有机器人的信息进行遍历
         //显示顺序为"系统名称"，"系统 IP"，"Robotware 版本"，
         //"是否虚拟"，"控制器名称"
         ListViewItem item = new ListViewItem(info.SystemName);
         item.SubItems.Add(info.IPAddress.ToString());
         item.SubItems.Add(info.Version.ToString());
         item.SubItems.Add(info.IsVirtual.ToString());
         item.SubItems.Add(info.ControllerName.ToString());
         //对 item 逐个添加信息，信息均转化为字符串
         item.Tag = info;
         this.listView1.Items.Add(item);
   }
```

要实现双击 listView1 控件中的机器人信息并登录对应的机器人控制器，需要选中 listView1 控件，并为其添加 DoubleClick 事件，如图 3-11 所示。

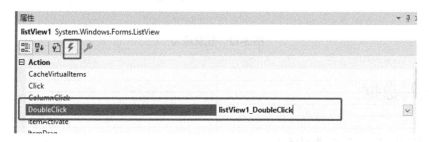

图 3-11 为 listView1 控件添加 DoubleClick 事件

在 listView1 控件的 DoubleClick 事件代码区域添加代码 3-4。

代码 3-4

```
if (this.listView1.Items.Count > 0)
{
    ListViewItem item = this.listView1.SelectedItems[0];
    if (item.Tag != null)
    {
        ControllerInfo info = (ControllerInfo)item.Tag;
        if (info.Availability == Availability.Available)
        {
            if (controller != null)
            {
                controller.Logoff();
                controller.Dispose();
                controller = null;
                //如果 controller 不为 null，先登出并 Dispose
            }
            controller = ControllerFactory.CreateFrom(info);
            controller.Logon(UserInfo.DefaultUser);
            //使用默认用户名登录
            MessageBox.Show("已登录控制器" + info.SystemName);
            //弹框提示登录成功
        }
    }
}
```

PC 连接上真实机器人控制器（PC 与机器人的 IP 地址同网段）或者 PC 上已经运行 RobotStudio 仿真机器人系统后，运行以上 VS 代码，单击"刷新"按钮即可看到网络上所有机器人的信息，双击对应机器人的信息，即可登录对应的机器人控制器，如图 3-12 所示。

图 3-12　登录成功

3.4　读写数据

3.4.1　读取 RAPID 数据

通过 Rapid Domain 命名空间可以访问机器人系统中的 RAPID 数据。在 PC SDK 中，有很多不同的类对应 RAPID 数据中不同的数据类型。

对于存储类型为 PERS 的数据，当这些数据的值发生变化时，可以通过 ValueChanged 事件，以事件的形式通知上位机。关于数据与事件的订阅，将在后续章节讲解。

要对 RAPID 数据进行读写，首先需要创建一个 RapidData 对象。创建 RapidData 对象时，需要填写 RapidData 的具体路径，或者通过 SearchRapidSymbol 函数进行搜索。

例如，要读取 RAPID 中任务 T_ROB1 下的 module1 模块内的 num 型数据 a100（图3-13），可以通过如代码 3-5 所示的方式获取。

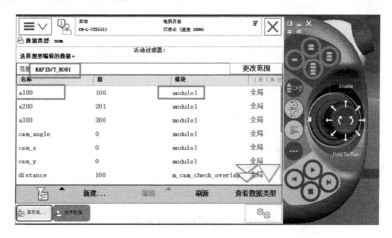

图 3-13　读取 T_ROB1-module1-a100 数据

代码 3-5

```
RapidData rd = controller.Rapid.GetRapidData("T_ROB1", "module1", "a300");
```

即先声明一个 RapidData 类型的数据 rd，然后利用 RapidDomain 下的函数 GetRapidData 获取一个 RapidData 数据的实例，数据路径为"'T_ROB1', 'module1', 'a300'"（任务名，模块名，数据名）。此处，controller 为前文已经实例化的机器人控制器对象。关于 GetRapidData 方法的解释，如图 3-14 所示。

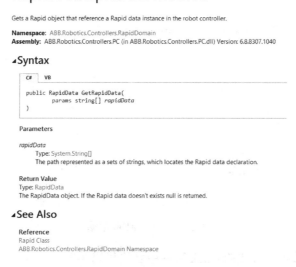

图 3-14　GetRapidData 方法

如图 3-15 所示，其显示了 RapidData 类中的属性。

RapidData Properties

The RapidData type exposes the following members.

Properties

Name	Description
BaseIndex	Gets or sets the base index of array.
IsArray	Checks whether the RAPID data is an array (of one or several dimensions).
IsLocal	Checks whether the RAPID data is declared locally.
IsTaskPers	Checks whether the RAPID data is declared PERS or TASKPERS. Only of interest for persistent data.
Log	Define if changes to the data value shall be logged in the controller event log. Supported from RW 6.06.
Name	Gets the name of the obejct. (Inherited from NamedObject.)
RapidType	Gets the name of the RAPID data type, eg. "num".
StringValue	Reads/writes the value of the RAPID data in the form of a string. This property can be used instead of ToString() and FillFromString(String).
Symbol	Gets the symbol for this data object.
TypeUrl	Gets the URL to the type, eg. "RAPID/num".
Value	Gets or sets the value of the RapidData.

图 3-15 RapidData 类中的属性

为 a100 创建了实例化对象 rd 后，可以通过 RapidData 的 Value 属性获取对象 rd 的值。例如，希望将 a100 的值赋值给 TextBox，可以使用代码 3-6 实现。

代码 3-6

```
txt_Show.Text = rd.Value.ToString();
```

若希望单击"获取数据"按钮后即可获得 a100 的值，并且将其显示在 TextBox 中，可以进行如下操作实现。

（1）从 Visual Studio 左侧的工具箱中拖入一个按钮控件和一个 TextBox 控件，并且根据实际情况调整布局，如图 3-16 所示；

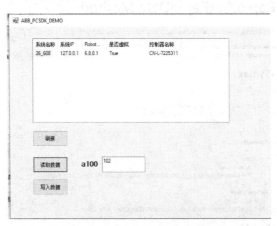

图 3-16 读取 a100 数据

（2）在"读取数据"按钮的 Click 事件中创建代码 3-7。

代码 3-7

```
RapidData rd = controller.Rapid.GetRapidData("T_ROB1", "module1", "a100");
txt_Show.Text = rd.Value.ToString();
```

（3）启动程序，在操作员登录机器人控制器成功后，单击"读取数据"按钮，即可获得当前 a100 的值。可以检查数据与示教器中的显示是否一致。

对于读取并显示其他类型的数据，方法相同。例如，希望获取 module1 下的 RobTarget 类型的数据 p100，可以在"读取数据"按钮的 Click 事件中添加代码 3-8。

代码 3-8

```
RapidData rd = controller.Rapid.GetRapidData("T_ROB1", "module1", "p100");
txt_Show.Text = rd.Value.ToString();
```

单击"读取数据"按钮，在对应文本框中会显示 p100 的所有信息，如图 3-17 所示，包括（X,Y,Z）、四元数、轴配置和外轴信息。

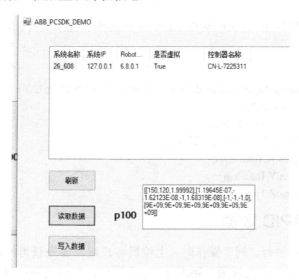

图 3-17　读取 p100 的所有信息

可以根据实际的数据类型将创建的 RapidData 类型的数据 rd 强制转化为对应的 RAPID 类型的数据，以方便后续操作。例如，已知 p100 为 RobTarget 类型的数据，则可以通过声明一个 RobTarget 类型的数据 ptmp，将 rd 强制转化为对应的 RAPID 类型的数据，这样其即可对应 p100 的 RobTarget 类型的数据，具体实现如代码 3-9 所示。

代码 3-9

```
RapidData rd = controller.Rapid.GetRapidData("T_ROB1", "module1", "p100");
RobTarget ptmp = (RobTarget)rd.Value;
```

RobTarget 为 RAPID 标准的数据类型，可以轻松地获取其结构体中的具体内容。例如，如图 3-18 所示，希望将 p100 数据的（X,Y,Z）信息分别显示在文本框中，可以使用代码 3-10 来实现。

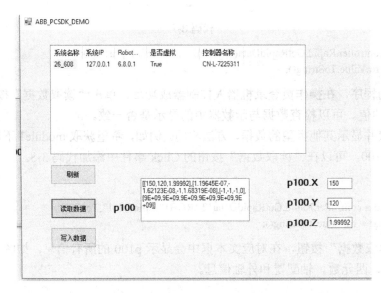

图 3-18 将 p100 转化为 RobTarget 类型的数据并将其显示

代码 3-10

```
RapidData rd = controller.Rapid.GetRapidData("T_ROB1", "module1", "p100");
txt_Show.Text = rd.Value.ToString();
RobTarget ptmp = (RobTarget)rd.Value;
//将 rd.Value 强行转化为 RobTarget 类型的数据
txt_X.Text = ptmp.Trans.X.ToString();
txt_Y.Text = ptmp.Trans.Y.ToString();
txt_Z.Text = ptmp.Trans.Z.ToString();
```

3.4.2 写入 RAPID 数据

在对 RAPID 数据进行"写"操作时,上位机客户端需要先获得相应的权限。例如,可以通过 using 方法获得机器人权限(跳出 using 方法后,将自动释放机器人权限)。

注意:获得机器人权限后,一定要及时释放机器人权限。

为避免机器人权限紊乱导致程序出错,建议使用 Try…Catch 形式处理:

```
try
{
    using (Mastership.Request(controller.Rapid))
        //获取写入 Rapid 的权限
    {
        //写入数据部分
    }
}
catch (Exception ex)
{
    MessageBox.Show(ex.ToString());
}
```

例如,3.4.1 小节已经实现了读取 module1 模块下 num 型数据 a100 的值,若此时希望修改 a100 的值,则可以将实例化的 RapidData 类型的数据 rd 强制转化为 num 型的数据,利用 num 型数据的 FillFromString2 方法对数据进行写入操作。

新建"写入数据"按钮,并在其对应的 Click 事件中创建代码 3-11。

代码 3-11

```
try
{
    using (Mastership.Request(controller.Rapid))
    {
        RapidData rd= controller.Rapid.GetRapidData("T_ROB1", "module1", "a100");
        Num number = (Num)rd.Value;
        //将 rd 强制转化为 num 型数据
        number.FillFromString2(this.txt_Show.Text);
        //将字符串转化并填入 number
        rd.Value = number;
        //对 a100 数据的实例 rd 进行赋值,即进行写入操作
        MessageBox.Show("已修改值为" + number.ToString());
    }
}
catch (Exception ex)
{
    MessageBox.Show(ex.ToString());
}
```

程序运行后,将首先获取 a100 数据,然后再修改文本框中的数据,并且单击"写入数据"按钮。如图 3-19 所示,此时系统提示"已修改值为 108"。查看示教器中的 a100 数值,确认其已经被修改。

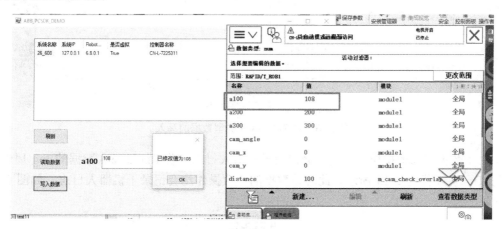

图 3-19 写入数据

对于 RobTarget 类型的数据的写入,也可使用 FillFromString2 方法来实现。

注意:写入的字符串为完整 RobTarget 数据结构体的表达式,形式类似 [[150,120,1],[0,0,-1,0],[-1,-1,-1,0],[9E+9,9E+9,9E+9,9E+9,9E+9,9E+9]]。

也可将 RapidData 类型的数据 rd 强制转化为 RobTarget 类型的数据,并分别对数据的 (X,Y,Z) 赋值,然后再写入,其具体实现如代码 3-12 所示。

代码 3-12

```
try
{
    using (Mastership.Request(controller.Rapid))
    {
        RapidData rd = controller.Rapid.GetRapidData("T_ROB1", "module1", "p100");
        RobTarget p1 = (RobTarget)rd.Value;
        p1.Trans.X = Convert.ToSingle(txt_X.Text);
        //Pos 类型数据的值为 Float 型
        p1.Trans.Y = Convert.ToSingle(txt_Y.Text);
        p1.Trans.Z = Convert.ToSingle(txt_Z.Text);
        rd.Value = p1;
        MessageBox.Show("已修改值为" + p1.ToString());
    }
}
catch (Exception ex)
{
    MessageBox.Show(ex.ToString());
}
```

运行以上代码后，单击"读取数据"按钮，获取 p100 的 (X,Y,Z)，并将其显示于对应的文本框中。对 p100.X 文本框修改后，单击"写入数据"按钮，p100 位置的 X 被修改，如图 3-20 所示。

图 3-20　对 RobTarget 类型数据的写入

对于数据的修改操作，默认不会记录于机器人日志。若 RapidData 数据的 log 属性被置为 True，如代码 3-13 所示，此时该数据的修改操作均会记录于机器人日志，如图 3-21 所示。

代码 3-13

```
using (Mastership.Request(controller.Rapid))
{
    RapidData rd= controller.Rapid.GetRapidData("T_ROB1", "module1", "a100");
    rd.Log = True;
}
```

图 3-21 对 a100 的操作被记录于机器人日志

3.5 读写数组

3.5.1 读取数组

RAPID 数据支持数组（数组的维数最多为 3 维。在机器人的 RAPID 中，每一维数组的起始序号为 1）。上位机若要获取数组信息，可以先通过 RapidData 的 IsArray 属性（图 3-22）来判断数据是否为数组，然后再将数据转化为 ArrayData 类型。

图 3-22 RapidData 的属性

假设 module1 模块下有 num 型数组 arr100，其元素个数为 10，在 "读取数据" 按钮的 Click 事件中添加代码 3-14。

代码 3-14

```
RapidData rd = controller.Rapid.GetRapidData("T_ROB1", "module1", "arr100");
    if (rd.IsArray)
        //如果 rd 是数组类型
    {
        ArrayData ad = (ArrayData)rd.Value;
        //强制转化为 ArrayData 类型
        txt_Show.Text = ad.ToString();
    }
```

图 3-23 读取数组 arr100 中的所有元素

运行以上代码后，单击"读取数据"按钮，可以在文本框中显示 arr100 数组中的所有元素，如图 3-23 所示。

若要读取数组中的单个元素，可以使用 RapidData 类的 ReadItem 方法。ReadItem 方法中的参数为要读取数组元素的序号（RAPID 中若为 3，此处则为 2，因为在 C#中数组的起始序号为 0，如代码 3-15 所示）。若要读取二维数组的元素，可以使用 ReadItem(y, x)（x 表示第一维元素的序号，y 表示第二维元素的序号）。若要读取三维数组的元素，可以使用 ReadItem(z,y,x)（x 表示第一维元素的序号，y 表示第二维元素的序号，z 表示第三维元素的序号）。

代码 3-15

```
RapidData rd = controller.Rapid.GetRapidData("T_ROB1", "module1", "arr100");
    if (rd.IsArray)
    {
        Num nTemp = (Num)rd.ReadItem(2);
        //读取 arr100 中的第 3 个元素
        txt_Show.Text = nTemp.ToString();
    }
```

若要读取数组中的单个元素，也可在将 RapidData 转化为 ArrayData 后直接读取对应元素的内容。例如，获取 arr100 数组中的第 6 个元素，如代码 3-16 所示。

代码 3-16

```
RapidData rd = controller.Rapid.GetRapidData("T_ROB1", "module1", "arr100");
    if (rd.IsArray)
    {
        ArrayData ad = (ArrayData)rd.Value;
        txt_Show.Text = ad[5].ToString();
    }
```

3.5.2 写入数组

若要对数组进行写入操作，可以使用 ArrayData 的 FillFromString 方法来实现。例如，在"写入数据"按钮的 Click 事件中添加代码 3-17。

代码 3-17

```
try
    {
        using (Mastership.Request(controller.Rapid))
            //写入操作需要先获取权限
        {
            RapidData rd = controller.Rapid.GetRapidData("T_ROB1", "module1", "arr100");
            if (rd.IsArray)
            {
                ArrayData ad = (ArrayData)rd.Value;
                ad.FillFromString(txt_Show.Text);
            }
        }
```

对图 3-23 中的文本框数据进行修改，单击"写入数据"按钮即可实现修改 arr100。

若要对数组中的单个元素进行"写"操作，可以使用 RapidData 的 WriteItem(new_value,x) 方法。WriteItem(new_value,x) 方法中的参数为要写入数组元素的新值和序号（RAPID 中若为 3，此处则为 2，C#中数组的起始序号为 0，如代码 3-18 所示）。若要写入二维数组的元素，可以使用 WriteItem(new_value, y, x) （x 表示第一维元素的序号，y 表示第二维元素的序号）。若要写入三维数组的元素，可以使用 WriteItem(new_value, z,y,x) （x 表示第一维元素的序号，y 表示第二维元素的序号，z 表示第三维元素的序号）。

代码 3-18

```
try
    {
        using (Mastership.Request(controller.Rapid))
        {
            RapidData rd = controller.Rapid.GetRapidData("T_ROB1", "module1", "arr100");
            if (rd.IsArray)
            {
                Num nTemp = (Num)rd.ReadItem(2);
                //获取 arr100 数组中的第 3 个元素
                nTemp.Value = Convert.ToDouble(txt_Show.Text);
                rd.WriteItem(nTemp, 2);
                //将 nTemp 写入 arr100 中的第 3 个元素
            }
        }
```

若要对数组中的单个元素进行"写"操作，也可使用 ArrayData 中的 FillFromString 方法来实现。例如，对 arr100 数组的第 6 个元素进行写入操作，如代码 3-19 所示。

代码 3-19

```
try
    {
        using (Mastership.Request(controller.Rapid))
        {
            RapidData rd = controller.Rapid.GetRapidData("T_ROB1", "module1", "arr100");
            if (rd.IsArray)
            {
                ArrayData ad = (ArrayData)rd.Value;
                ad[5].FillFromString(txt_Show.Text);
```

                }
            }
        }

3.6 读写 I/O

3.6.1 读取 I/O

机器人系统使用 I/O 信号来控制过程。机器人系统中的信号类型包括数字信号（Digital Input 和 Digital Output）、模拟信号（Analog Input 和 Analog Output）和组信号（Group Input 和 Group Output）。使用 PC SDK 可以访问 I/O 信号。

对于信号的状态变化，可以通过对 I/O 信号的订阅来实现自动获取。关于信号的订阅部分，将在 3.10 节详细介绍。

通过 PC SDK 对 I/O 信号进行读写操作，需要添加对于 IOSystemDomain 的引用，如代码 3-20 所示。

代码 3-20

```
using ABB.Robotics.Controllers.IOSystemDomain;
```

访问机器人控制器的信号是通过 PC SDK 的 Controller 类的对象及其 IOSystem 属性完成的。IOSystem 表示机器人控制器中的 I/O 信号空间。

可以通过 IOSystem 的 GetSignal 方法获取一个信号，如代码 3-21 所示。

代码 3-21

```
Signal signal1 = controller.IOSystem.GetSignal("signal_name");
//controller 是控制器的一个实例对象
```

可以通过 Signal 类的 Value 属性获取一个信号的值，如 di0.Value。

如图 3-24 所示，举例读取 di_0 和 gi8_15 信号并显示其对应的值。在窗体应用程序中创建对应的按钮和文本框，在"读取 I/O"按钮的 Click 事件中添加代码 3-22。

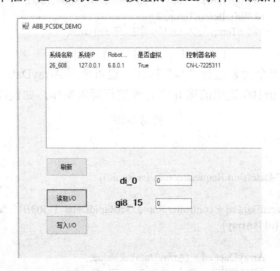

图 3-24 读取 di_0 和 gi8_15 信号并显示其对应的值

代码 3-22

```
Signal di0 = controller.IOSystem.GetSignal("di_0");
Signal gi8_15 = controller.IOSystem.GetSignal("gi8_15");
// "di_0"和"gi8_15"为机器人控制器中已经存在的信号名称
txt_di0.Text = di0.Value.ToString();
txt_gi.Text = gi8_15.Value.ToString();
```

若希望同时读取多个 I/O 信号，如 d652 板卡下的所有信号，或者读取所有 Digital Input 类型的信号，则可以创建 SignalCollection 对象，通过其 IOSystem.GetSignals()方法获取。IOSystem.GetSignals()方法有重载方法：IOSystem.GetSignals(IOFilterTypes.Input)方法返回所有的输入信号；IOSystem.GetSignals(IOFilterTypes.Unit,"d652")方法返回基于"d652"设备的所有信号。示例代码如代码 3-23 所示。

代码 3-23

```
SignalCollection signals = controller.IOSystem.GetSignals(IOFilterTypes.Unit, "d652");
//返回所有属于"d652"设备的信号
```

创建一个 ListView 对象，并且添加各列的 Header。在"读取 I/O"按钮的 Click 事件中添加代码 3-24，运行后的效果如图 3-25 所示。

代码 3-24

```
SignalCollection signals = controller.IOSystem.GetSignals(IOFilterTypes.Unit,"d652");
foreach (Signal signal in signals)
{
    ListViewItem item = new ListViewItem(signal.Name);
    item.SubItems.Add(signal.Type.ToString());
    item.SubItems.Add(signal.Value.ToString());
    item.SubItems.Add(signal.Unit.ToString());
    listView2.Items.Add(item);
}
```

图 3-25 读取多个 I/O 信号

3.6.2 写入 I/O

在机器人控制器中创建的 I/O 信号,默认其访问等级为 Default。Default Access Level 的具体解释如表 3-1 所示。上位机作为 Remote Client,不能对 Default 访问等级的信号进行"写"操作。

表 3-1 Default Access Level 的具体解释

Name	Default	备 注
Rapid	Write Enabled	该信号可以通过 Rapid 程序控制
Local Client in Manual Mode	Write Enabled	本地客户端(通常通过示教器),机器人处于手动模式,可以控制该信号
Local Client in Auto Mode	Read Only	本地客户端(通常通过示教器),机器人处于自动模式,该信号为只读
Remote Client in Manual Mode	Read Only	远程客户端(RobotStudio 等),机器人处于手动模式,该信号为只读
Remote Client in Auto Mode	Read Only	远程客户端(RobotStudio 等),机器人处于自动模式,该信号为只读

机器人系统创建对应信号时,可以将信号的访问等级设为 ALL,表 3-2 所示为 All Access Level 的具体解释。此时上位机可以作为远程的客户端对 I/O 信号进行"写"操作。

表 3-2 All Access Level 的具体解释

Name	Default	备 注
Rapid	Write Enabled	该信号可以通过 Rapid 程序控制
Local Client in Manual Mode	Write Enabled	本地客户端(通常通过示教器),机器人处于手动模式,可以控制该信号
Local Client in Auto Mode	Write Enabled	本地客户端(通常通过示教器),机器人处于自动模式,可以控制该信号
Remote Client in Manual Mode	Write Enabled	远程客户端(RobotStudio 等),机器人处于手动模式,可以控制该信号
Remote Client in Auto Mode	Write Enabled	远程客户端(RobotStudio 等),机器人处于自动模式,可以控制该信号

通过 DigitalSignal 前缀可以将一个 Signal 数据强制转化为数字信号数据;通过 AnalogSignal 前缀可以将一个 Signal 数据强制转化为模拟量信号数据;通过 GroupSignal 前缀将一个可以 Signal 数据强制转化为组信号数据。例如,如代码 3-25 所示。

代码 3-25

```
DigitalSignal diSig = (DigitalSignal)signal1;
AnalogSignal aiSig = (AnalogSignal)signal2
GroupSignal giSig = (GroupSignal)signal3;
```

DigitalSignal 类的方法如图 3-26 所示,可以使用 Set( )方法对数字信号置 1、使用 Reset( )方法对数字信号置 0、使用 Pulse( )方法对数字信号发送脉冲信号。

对于 GroupSignal 类,其 Value 属性为 Float 类型,如图 3-27 所示。

若希望对数字信号 do_0 和 go8_15 进行赋值,可以在对应"写入信号"按钮的 Click 事件中编写代码 3-26。

Methods

Name	Description
CompareTo(Object)	Compares this object with a name for sorting. (Inherited from NamedObject.)
CompareTo(String)	Compares this object with a name for sorting. (Inherited from NamedObject.)
CompareTo(NamedObject)	Compares this object with a name for sorting. (Inherited from NamedObject.)
Equals(Object)	Merges the functionality of Equals(string) and Equals(NamedObject). (Inherited from NamedObject.)
Equals(String)	Checks if the name of the object is same as name. (Inherited from NamedObject.)
Equals(NamedObject)	Compares if the name of this object is equal to the name of the supplied object. (Inherited from NamedObject.)
Get	Gets the digital value of the DigitalSignal.
GetHashCode	Gets the hash code of the object based on the name. (Inherited from NamedObject.)
Invert	Inverts the value of the digital signal.
Pulse()	Generates a pulse on the digital signal.
Pulse(Int32)	Generates a pulse on a digital signal for a specific period of time.
Reset	Sets the value of the digital signal to **0**.
Set	Sets the value of the digital signal to **1**.
Subscribe	Subscribes to signal changes. (Inherited from Signal.)
ToString	Returns the string representation of this object. Shall always return same result as Name property. (Inherited from NamedObject.)
Unsubscribe	Unsubscribes to signal changes. (Inherited from Signal.)

图 3-26　DigitalSignal 类的方法

GroupSignal.Value Property

Gets / Sets the value of the signal. Obsolete: Use GroupValue instead

Namespace: ABB.Robotics.Controllers.IOSystemDomain
Assembly: ABB.Robotics.Controllers.PC (in ABB.Robotics.Controllers.PC.dll) Version: 6.8.8307.1040

Syntax

C#　VB

```
public override float Value { get; set; }
```

Property Value
Type: Single

图 3-27　GroupSignal 的 Value 属性

代码 3-26

```
try
{
    Signal do0 = controller.IOSystem.GetSignal("do_0");
    DigitalSignal sig = (DigitalSignal)do0;
    //强制转化为 DigitalSignal 类型
    if (txt_do0.Text == "1")
    {
        sig.Set();
    }
    else
    {
```

```
            sig.Reset();
        }
        Signal go8_15 = controller.IOSystem.GetSignal("go8_15");
        GroupSignal g_sig = (GroupSignal)go8_15;
        g_sig.Value = Convert.ToSingle(txt_go.Text);
}
```

运行以上代码后，可以看到如图 3-28 所示的效果。

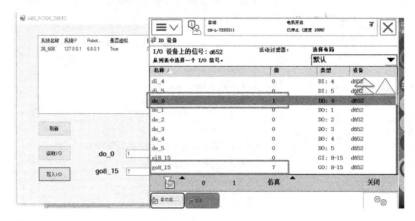

图 3-28　写入 I/O 信号

实质上，Signal 类的 Value 属性，以及 DigitalSignal 类、GroupSignal 类和 AnalogSignal 类的 Value 属性均为 Float 类型，故也可通过代码 3-27 对信号直接赋值。

代码 3-27

```
try
{
        Signal go8_15 = controller.IOSystem.GetSignal("go8_15");
        go8_15.Value= Convert.ToSingle(txt_go.Text);
}
```

3.7　获取机器人当前位置

关于机器人当前的位置信息，可以访问 Motion Domain 相关命名空间。要使用 Motion Domain，需要在代码中添加相关引用，如代码 3-28 所示。

代码 3-28

```
using ABB.Robotics.Controllers.MotionDomain;
```

获取机器人当前的位置信息，可以使用 MotionSystem 类的 GetPosition 方法来实现。GetPosition 方法有重载方法：

（1）GetPosition( )返回当前 6 个轴的角度及外轴数据，返回值的类型为 Jointtarget。

（2）GetPosition(CoordinateSystemType)返回机器人基于当前工具和工件坐标系的笛卡儿坐标，返回值的类型为 RobTarget。

例如，希望获取机器人在世界坐标系下的当前位置，可以使用代码 3-29 来实现。

代码 3-29

RobTarget aRobTarget = controller.MotionSystem.ActiveMechanicalUnit.GetPosition(CoordinateSystemType.World);

由前文已经知晓，RobTarget 类型中的姿态使用四元数来表示。由于机器人的姿态通过四元数直接显示不够直观，所以可以通过 RobTarget 类中 Rot 的 ToEulerAngles 方法将四元数转化为欧拉角，这样将会直观地显示机器人的姿态，具体可以通过代码 3-30 实现。

代码 3-30

```
double rx;
double ry;
double rz;
RobTarget aRobTarget = controller.MotionSystem.ActiveMechanicalUnit.GetPosition(CoordinateSystemType. World);
aRobTarget.Rot.ToEulerAngles(out rx, out ry, out rz);
//ToEulerAngles 方法后的参数为 out 类型
```

若希望实时获取机器人当前的位置，可以通过定时（Timer）触发的方式来获取。以下举例 300ms 刷新一次，自动显示机器人当前的位置，效果如图 3-29 所示。

图 3-29 实时显示机器人当前的位置

从工具箱拖入一个 Timer 控件（timer1），将其"Interval"属性设为 300，将其"Enabled"属性设为 False，如图 3-30 所示。

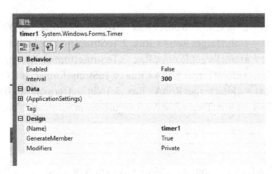

图 3-30 修改 timer1 的属性

只有当上位机登录机器人控制器后才可读取机器人当前的位置，故在用户成功登录机器人控制器后的代码区域添加"timer1.Enabled = true"代码。

双击 timer1，在 timer1 的触发代码段添加代码 3-31。运行后的效果如图 3-29 所示。

代码 3-31

```
private void timer1_Tick(object sender, EventArgs e)
{
    double rx;
    double ry;
    double rz;
    RobTarget aRobTarget = controller.MotionSystem.ActiveMechanicalUnit.GetPosition(CoordinateSystemType.World);
    txt_X.Text = aRobTarget.Trans.X.ToString(format: "#0.00");
    //以 2 位小数显示
    txt_Y.Text = aRobTarget.Trans.Y.ToString(format: "#0.00");
    txt_Z.Text = aRobTarget.Trans.Z.ToString(format: "#0.00");
    aRobTarget.Rot.ToEulerAngles(out rx, out ry, out rz);
    txt_RZ.Text = rz.ToString(format: "#0.00");
    txt_RY.Text = ry.ToString(format: "#0.00");
    txt_RX.Text = rx.ToString(format: "#0.00");
    //显示 2 位小数
}
```

也可增加关节坐标系和笛卡儿坐标系显示的切换（通过 RadioButton 实现），具体实现如代码 3-32 所示，效果如图 3-31 所示。

代码 3-32

```
double rx;
double ry;
double rz;
if (radioButton1.Checked)
{
    JointTarget aJointTarget = controller.MotionSystem.ActiveMechanicalUnit.GetPosition();
    label_X.Text = "J1";
    label_Y.Text = "J2";
    label_Z.Text = "J3";
    label_RX.Text = "J4";
    label_RY.Text = "J5";
    label_RX.Text = "J6";

    txt_X.Text = aJointTarget.RobAx.Rax_1.ToString(format: "#0.00");
    txt_Y.Text = aJointTarget.RobAx.Rax_2.ToString(format: "#0.00");
    txt_Z.Text = aJointTarget.RobAx.Rax_3.ToString(format: "#0.00");
    txt_RZ.Text = aJointTarget.RobAx.Rax_4.ToString(format: "#0.00");
    txt_RY.Text = aJointTarget.RobAx.Rax_5.ToString(format: "#0.00");
    txt_RX.Text = aJointTarget.RobAx.Rax_6.ToString(format: "#0.00");
}
else
{
    RobTarget aRobTarget = controller.MotionSystem.ActiveMechanicalUnit.GetPosition(CoordinateSystemType.World);
```

```
                label_X.Text = "X:";
                label_Y.Text = "Y:";
                label_Z.Text = "Z:";
                label_RX.Text = "RZ:";
                label_RY.Text = "RY:";
                label_RX.Text = "RX:";
                txt_X.Text = aRobTarget.Trans.X.ToString(format: "#0.00");
        txt_Y.Text = aRobTarget.Trans.Y.ToString(format: "#0.00");
        txt_Z.Text = aRobTarget.Trans.Z.ToString(format: "#0.00");

        aRobTarget.Rot.ToEulerAngles(out rx, out ry, out rz);
        txt_RZ.Text = rz.ToString(format: "#0.00");
        txt_RY.Text = ry.ToString(format: "#0.00");
        txt_RX.Text = rx.ToString(format: "#0.00");
    }
```

图 3-31　实时显示机器人当前的关节坐标位置

3.8　调节机器人运行速度

3.8.1　获取与设置机器人运行速度的百分比

上位机可以通过 PC SDK-Motion Domain-MotionSystem 的 SpeedRatio 属性（见图 3-32）获取和设置机器人运行速度的百分比（示教器上方显示的百分比）。

例如，可以在窗体应用程序中创建一个按钮，在该按钮的 Click 事件中插入代码 3-33，实现单击该按钮时显示机器人当前运行速度的百分比。

代码 3-33

```
label_speedratio.Text = "机器人速度" + controller.MotionSystem.SpeedRatio.ToString() + "%";
```

登录机器人控制器后，单击该按钮即可显示机器人当前运行速度的百分比。

MotionSystem Properties

The MotionSystem type exposes the following members.

Properties

	Name	Description
	ActiveMechanicalUnit	Gets the currently active mechnical unit. The Mechanical Unit active/deactive state is associated to the 'ActiveMechanicalUnit' property and change in 'ActiveMechanicalUnit' property will trigger 'MechUnitModeChanged' event.
	MechanicalUnits	Gets all mechanical units.
	Name	Gets the name of the obejct. (Inherited from NamedObject.)
	SpeedRatio	Gets / Sets the current speed ratio. Valid range between 0-100.

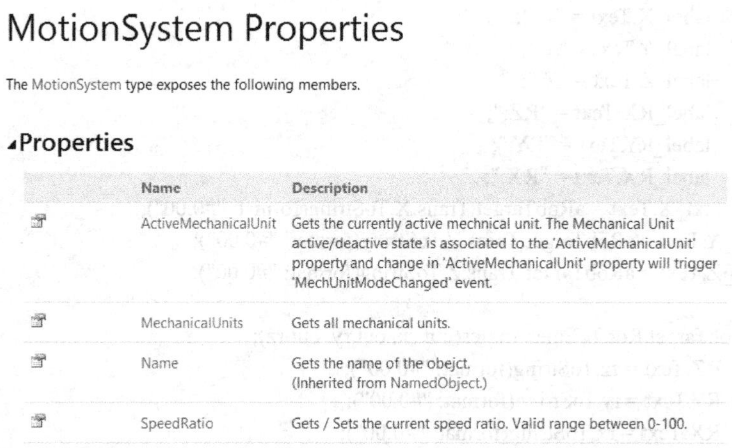

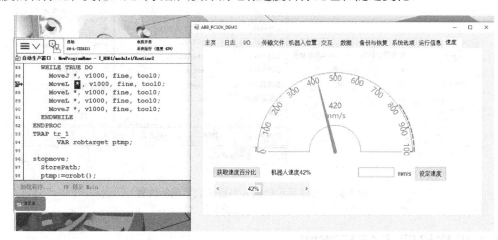

图 3-32　MotionSystem 的属性

也可如图 3-33 所示，在窗体应用程序中插入一个 HScrollBar（水平滑动条）。双击该滑动条，在其对应的事件中插入代码 3-34。移动滑动条，可以看到在示教器中显示的运行速度的百分比在变化，此时机器人实际的运行速度百分比也在随之变化。

图 3-33　上位机获取与设置机器人运行速度的百分比

代码 3-34

```
private void hScrollBar1_Scroll_1(object sender, ScrollEventArgs e)
{
    label7.Text = hScrollBar1.Value.ToString() + "%";
     //滑动条上数字的显示
     controller.MotionSystem.SpeedRatio = Convert.ToInt32(hScrollBar1.Value);
    //将当前滑动条的数据赋值给机器人运行速度的百分比数据 SpeedRatio
    label_speedratio.Text = "机器人速度" + controller.MotionSystem.SpeedRatio.ToString() + "%";
}
```

3.8.2　获取与设置机器人运行速度的绝对值

PC SDK 并未提供机器人实际运行速度绝对值的输出接口，而 3.8.1 小节仅能够获取和设置当前机器人运行速度的百分比。所以，可以利用机器人系统输出状态 TCP Speed 获得机器人运行速度的绝对值。上位机利用 Signal Value Changed 事件订阅该信号状态的变化，将其关联到图形化控件，此时即可实时显示机器人实际的运行速度。

如图 3-34 所示，在机器人控制器中创建虚拟模拟量输出信号 ao_speed，关联该信号到系统输出状态 TCP Speed 上，如图 3-35 所示。

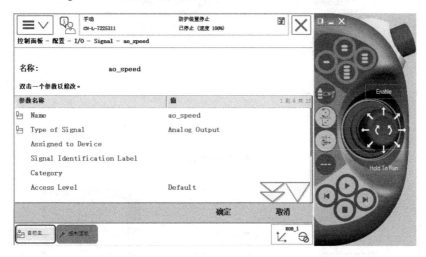

图 3-34　创建虚拟模拟量输出信号 ao_speed

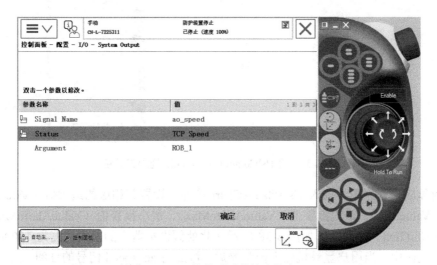

图 3-35　关联 ao_speed 信号到系统输出状态 TCP Speed 上

为了更好地显示速度的变化，可以采用 HslCommunication 的 UserGaugeChart 控件，如图 3-33 中的仪表盘。如图 3-36 所示，单击"工具"-"NuGet 包管理器"-"程序包管理器控制台"，在控制台中输入"Install-Package HslCommunication"即可对 HslCommunication 进行安装。安装完毕后，在当前项目对应文件夹的 packages 文件夹内找到 HslCommunication.dll，将其拖入 Visual Studio 的工具箱，如图 3-37 所示。

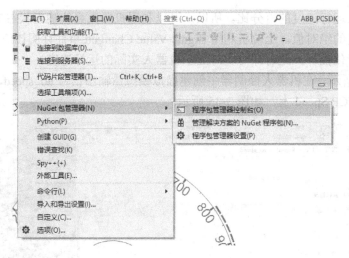

图 3-36　NuGet 包管理器

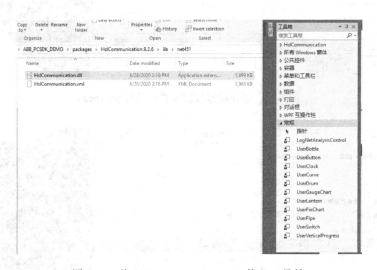

图 3-37　将 HslCommunication.dll 拖入工具箱

在窗体应用程序中，拖入 UserGaugeChart 控件，设置其相应的最大值（ValueMax）、最小值（ValueMin）、最大报警值（ValueAlarmMax）、最小报警值（ValueAlarmMin）和单位刻度（UnitText）等信息，如图 3-38 所示（此处假设机器人的最大速度为 1000mm/s）。在上位机代码中，当用户登录机器人控制器后，添加对 ao_speed 信号的订阅，具体实现如代码 3-35 所示。启动机器人后，如图 3-39 所示，可以实时显示机器人的运行速度。

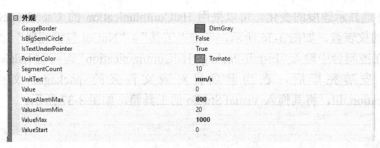

图 3-38　设置 UserGaugeChart 的属性

代码 3-35

```
void subscribe()
    {
        Signal sigspeed = controller.IOSystem.GetSignal("ao_speed");
        sigspeed.Changed += new EventHandler<SignalChangedEventArgs>(sig_Changed);
    }
private void sig_Changed(object sender, SignalChangedEventArgs e)
    {
        this.Invoke(new EventHandler(UpdateGUIsig), sender, e);
        //为了避免界面线程和主线程冲突，采用委托方式
    }
private void UpdateGUIsig(object sender, System.EventArgs e)
    {
        Signal s = (Signal)sender;
        userGaugeChart1.Value = Math.Round(s.Value*1000);
        //TCP Speed 输出为 m/s，此处转化为 mm/s，即乘以 1000。显示数据取整
    }
```

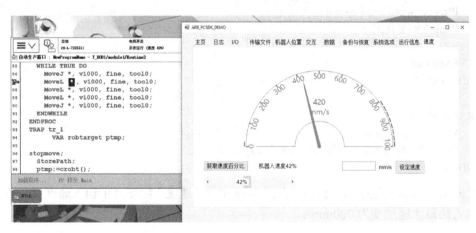

图 3-39　实时显示机器人的运行速度

PC SDK 没有提供直接修改（"写"操作）当前机器人速度绝对值的接口，但可以通过 PC SDK 修改某个 PERS 类型的数据，机器人侧根据该 PERS 类型的数据触发 IPERS 中断，实时修改当前机器人最大速度的绝对值。

假设在 RAPID 的 module1 模块下有 PERS 存储类型的 num 型数据 no_speed，则可以在上位机窗体应用程序中创建一个按钮，对应代码如代码 3-36 所示。

代码 3-36

```
try
    {
        using (Mastership m = Mastership.Request(controller.Rapid))
        {
            RapidData rd = controller.Rapid.GetRapidData("T_ROB1", "module1", "no_speed");
            Num speed = (Num)rd.Value;
            speed.FillFromString2(txt_speed.Text);
            rd.Value = speed;
```

```
            }
        }
        catch (Exception)
        {
            throw;
        }
```

在机器人 RAPID 侧,增加初始化程序和对应的中断程序,响应上位机对于数据"no_speed"的修改,如代码 3-37 所示。

代码 3-37

```
VAR intnum intno_speed;
PERS num no_speed:=700;

PROC main()
    IDelete intno_speed;
    CONNECT intno_speed WITH tr_speed;
    IPers no_speed,intno_speed;
    While TRUE DO
        !主循环
    ENDWhile
ENDPROC

TRAP tr_speed
    VelSet 100,no_speed;
    //修改当前机器人最大速度的绝对值为 no_speed
ENDTRAP
```

此时运行机器人程序和上位机,在图 3-39 中的"速度"标签页中输入速度值,如 700,则机器人的最大速度变为 700mm/s。

3.9 启动与停止

3.9.1 上电与下电

机器人在自动模式下,上位机可以通过 PC SDK 对机器人控制器执行"上电"、"下电"、"启动"和"停止"等操作。

Controllers 命名空间下的 Controller 类有很多属性,具体如表 3-3 所示。对于"上电"和"下电"等机器人状态,可以通过 Controller.State 获取和设置。设置的数据类型为 ControllerState 枚举类型,如图 3-40 所示。

表 3-3 Controller 类的属性

名称	属性
AuthenticationSystem	Gets the user authentication subsystem.
BackupInProgress	Gets a flag that indicates if a backup is in progress or not.

续表

名 称	属 性
Configuration	Gets the controller configuration.
Connected	Indicates whether the controller is connected or not.
CurrentUser	Gets the currently logged on user.
DateTime	Gets/Sets the time of the controller.
DefaultSystemId	Gets the configured default system id.
EventLog	Gets the event log of the controller.
FileSystem	Gets the controller file system.
IOSystem	Gets the IOSystem of the controller.
IPAddress	Gets the IPAddress of the controller.
Ipc	Gets a reference to the Ipc class of the controller.
IsMaster	Gets the current mastership state.
IsVirtual	Gets a flag that indicates if the controller is virtual or not.
MacAddress	Gets the MAC address of the controller.
MainComputerServiceInfo	Gets service information for the main computer. This property is not valid for Virtual Controllers.
MastershipPolicy	Specifies how mastership should be handled by a GUI client
MotionSystem	Gets the motions system domain of the controller.
Name	Gets the name of the controller. (Overrides NamedObject. Name.)
NetworkSettings	Gets the network settings of the controller.
OperatingMode	Gets the current operating mode of the controller.
Rapid	Gets the Rapid Domain of the controller.
RemoteLogin	Gets the RemoteLogin which allosw a certain type of users to request a remote login/logout of a TPU user.
RobotWare	Gets information about the current system and options.
RobotWareVersion	Gets the version of the robotware the current system uses.
RunLevel	Gets the current run level of the controller.
State	Gets/Sets the current state of the controller.
SystemId	Gets the id of the current system of the controller.
SystemName	Gets the name of the current system of the controller.
TimeServer	Gets or sets the NTP time server of the controller.
TimeZone	Gets or sets the time zone of the controller.
UICulture	Gets the UI Culture.

ControllerState Enumeration

Specifies the states of the controller.

Namespace: ABB.Robotics.Controllers
Assembly: ABB.Robotics.Controllers.PC (in ABB.Robotics.Controllers.PC.dll) Version: 6.8.8307.1040

▲ Syntax

| C# | VB |

```
public enum ControllerState
```

▲ Members

Member name	Value	Description
EmergencyStop	4	Emergency stop state.
EmergencyStopReset	5	Emergency stop reset state.
GuardStop	3	Guard stop state.
Init	0	Initialize state.
MotorsOff	1	Motors off state.
MotorsOn	2	Motors on state.
SystemFailure	6	System failure state.
Unknown	99	Unknown state.

图 3-40　ControllerState 枚举类型

上位机对机器人"上电"和"下电"的操作仅可在机器人在自动模式的情况下进行。

在窗体应用程序中插入"上电"和"下电"按钮，如图 3-41 所示，并编写如代码 3-38 所示的代码。

图 3-41　"上电"与"下电"按钮

代码 3-38

```
private void btn_MotorOn_Click(object sender, EventArgs e)
    {
```

```csharp
            try
            {
                if (controller.OperatingMode == ControllerOperatingMode.Auto)
                    //判断机器人当前的操作模式
                {
                    controller.State = ControllerState.MotorsOn;
                    //对机器人上电
                    MessageBox.Show("机器人上电成功");
                }
                else
                {
                    MessageBox.Show("请切换到自动模式");
                }
            }
            catch (System.Exception ex)
            {
                MessageBox.Show("Unexpected error occurred: " + ex.Message);
            }
        }

        private void btn_MotorOff_Click(object sender, EventArgs e)
        {
            try
            {
                if (controller.OperatingMode == ControllerOperatingMode.Auto)
                {
                    controller.State = ControllerState.MotorsOff;
                    MessageBox.Show("机器人下电成功");
                }
                else
                {
                    MessageBox.Show("请切换到自动模式");
                }
            }
            catch (System.Exception ex)
            {
                MessageBox.Show("Unexpected error occurred: " + ex.Message);
            }
        }
```

3.9.2 指针复位

机器人在自动模式下，程序通常需要从 Main 程序开始执行。为此，可以增加"PPToMain"按钮（见图 3-41）。

ABB 工业机器人支持多任务，"PPToMain"按钮可以针对多个任务或者特定任务执行。单击"PPToMain"按钮时，需要先获取任务（Task），然后对指定的 Task 使用 ResetProgramPointer( )

方法，使用该方法时需要获得机器人权限。具体实现如代码 3-39 所示。

代码 3-39

```
try
    {
        if (controller.OperatingMode == ControllerOperatingMode.Auto)
        {
            tasks = controller.Rapid.GetTasks();
            using (Mastership m = Mastership.Request(controller.Rapid))
            {
                tasks[0].ResetProgramPointer();
                //对机器人第一个任务程序指针复位
                //机器人运动任务通常为 tasks[0]
                MessageBox.Show("程序指针已经复位");
            }
        }
        else
        {
            MessageBox.Show("请切换到自动模式");
        }
    }
    catch (System.InvalidOperationException ex)
    {
        MessageBox.Show("权限被其他客户端占有 " + ex.Message);
        //如果请求权限失败，给出提示
    }
    catch (System.Exception ex)
    {
        MessageBox.Show("Unexpected error occurred: " + ex.Message);
    }
```

3.9.3 启动与停止

上位机可以通过 RapidDomain 下的 Rapid 类的 Start( )方法和 Stop( )方法实现启动和停止机器人程序。以上方法需要机器人在自动模式且上位机获得权限的情况下使用，其同时启动和停止所有 Task。也可使用 RapidDomain 下的 Task 类的 Start( )方法和 Stop( )方法实现，其可以对指定的 Task 启动。

在窗体应用程序中创建"启动"和"停止"按钮，如图 3-41 所示，对应的代码如代码 3-40 所示。

代码 3-40

```
private void btn_Start_Click(object sender, EventArgs e)
    {
        try
        {
            using (Mastership m = Mastership.Request(controller.Rapid))
            {
                StartResult result = controller.Rapid.Start();
            }
        }
```

```
            catch (Exception ex)
            {
                MessageBox.Show(ex.ToString());
            }
        }
        private void btn_Stop_Click(object sender, EventArgs e)
        {
            try
            {
                using (Mastership m = Mastership.Request(controller.Rapid))
                {
                    controller.Rapid.Stop(StopMode.Immediate);
                    //设置停止模式
                }
            }
            catch (Exception ex)
            {
                MessageBox.Show(ex.ToString());
            }
        }
```

3.9.4 设置程序指针

3.9.2 小节介绍了上位机对机器人执行 PPToMain 的方法。本小节将介绍移动程序指针到某个程序（Routine）或者某个模块（Module）某一行的实现方法，如图 3-42 所示。

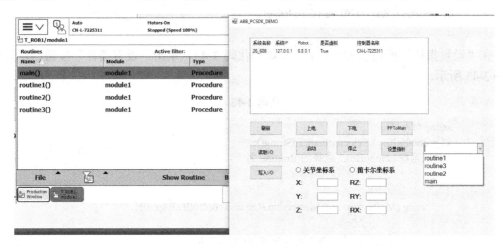

图 3-42 显示例行程序与"设置指针"

RapidDomain 下的 Module 类提供了关于程序模块（Module）的相关属性和方法；RapidDomain 下的 Routine 类提供了关于例行程序（Routine）的相关属性和方法。通过 RapidDomain 下的 Task 类的 GetModule( )方法可以获取特定 Module，通过 Module 类的 GetRoutines( )方法可以获取指定 Module 下的所有 Routine，具体实现如代码 3-41 所示。

代码 3-41

```
tasks = controller.Rapid.GetTasks();
Module module = tasks[0].GetModule("module1");
//创建 module1 模块
```

```
Routine[] r = module.GetRoutines();
//GetRoutines 返回值为 Routine 数组
```

通过 Task 类的 SetProgramPointer("ModuleName", "routineName")方法可以将程序指针移动到特定 Routine 的第一行，或者通过 Task 类的 SetProgramPointer("ModuleName", Int32)方法将程序指针移动到指定 Module 的第"Int32"行。设置指针时需要先获得权限。

要实现图 3-42 中的在下拉框自动显示 module1 模块下的所有 Routine，需要使用 comboBox 控件。完成以上功能，需要在窗体应用程序中插入 comboBox 控件，并编写如代码 3-42 所示的程序。

代码 3-42

```
void GetRoutine()
{
    tasks = controller.Rapid.GetTasks();
    Module module = tasks[0].GetModule("module1");
    Routine[] r = module.GetRoutines();
    //获取 module1 下的所有 Routine
    comboBox1.Items.Clear();
    //清除 comboBox1 的内容
    for (int i = 0; i < r.Length; i++)
    {
        comboBox1.Items.Add(r[i].Name.ToString());
        //将所有 module1 下的 Routine 名字加入 comboBox1 的 Item
    }
    comboBox1.Text = r[0].Name.ToString();
}
```

在"设置指针"按钮的 Click 事件中添加代码 3-43。单击"设置指针"按钮后，效果如图 3-43 所示。

代码 3-43

```
string s1 = "";
s1 = comboBox1.SelectedItem.ToString();
//获取当前 comboBox1 选择的 Routine 名
try
{
    using (Mastership m = Mastership.Request(controller.Rapid))
    {
        tasks[0].SetProgramPointer("module1", s1);
        //将指针移动到 s1
        MessageBox.Show("程序指针已经被设置到 " + s1);
    }
}
catch (Exception ex)
{
    MessageBox.Show(ex.ToString());
}
```

第 3 章 基于 PC SDK 的二次开发

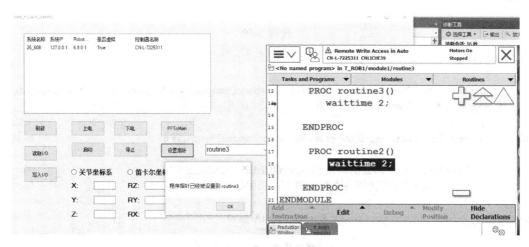

图 3-43 设置程序指针到 routine3

3.10 订阅

PC SDK 支持对机器人控制器中的事件订阅，如表 3-4 所示。机器人控制器的相关事件会有自己的相关线程，跨线程对控件进行赋值容易造成线程冲突，建议使用 Invoke 方法。

表 3-4 机器人控制器中的事件

事件	什么时候发生
StateChanged	机器人控制器的状态发生变化时，如 MotorOn 或者 MotorOff
OperatingModeChanged	机器人控制器的操作模式发生变化时，如 Manual Mode 或者 Auto Mode
ExecutionStatusChanged	机器人的运行模式发生变化时，如 running 或者 Stop
Changed	I/O 状态或者值发生变化时
MessageWritten	事件日志产生新消息时
ValueChanged	Pers 存储类型的 RAPID 数值发生变化时

3.10.1 机器人控制器状态

3.9.1 小节介绍了上位机对机器人控制器的"上电"与"下电"操作，如代码 3-44 所示。

代码 3-44

```
controller.State = ControllerState.MotorsOn;
```

State 属性也支持读取机器人控制器的状态，如上位机获取当前机器人控制器的状态可以使用代码 3-45 来实现。

代码 3-45

```
label_controller.Text = "控制器状态："+controller.State.ToString();
```

通常希望上位机能够自动获得/更新当前机器人控制器的状态，为此可以使用对于机器人控制器状态的事件订阅。Controller.StateChanged Event 事件提供了机器人控制器状态变化的事件，使用代码 3-46 可以添加对机器人控制器状态变化的订阅。

代码 3-46

```
void subscribe()
        {
        controller.StateChanged += new EventHandler<StateChangedEventArgs>(controller_StateChanged);
        //添加对 StateChanged 事件的订阅
        }
private void controller_StateChanged(object sender, StateChangedEventArgs e)
        {
            this.Invoke(new EventHandler(UpdateGUIstate), sender, e);
            //为了避免界面线程和事件线程冲突，采用委托方式
        }
private void UpdateGUIstate(object sender, System.EventArgs e)
        {
            this.label_controller.Text = "控制器状态："+controller.State.ToString();
            //获取机器人当前的状态并将其转化为字符串
        }
```

在上位机登录机器人控制器后，运行一次 subscribe 程序即可完成对机器人控制器状态订阅的添加。此时，当机器人控制器的状态发生变化时，会触发 StateChanged 事件。为避免界面线程和事件线程冲突，采用委托方式对界面控件 label_controller 的 Text 属性进行修改。

在示教器中修改机器人控制器的状态（如按下“急停”按钮）时，上位机会自动显示机器人控制器当前的状态，如图 3-44 所示，具体实现如下所示。

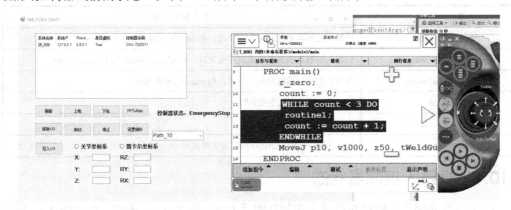

图 3-44　在示教器中修改机器人控制器的状态（如按下“急停”按钮）时，上位机自动显示机器人控制器当前的状态

由于 StateChangedEventArgs 类提供了 NewState 和 Time 属性，如图 3-45 所示。因此，在对 Label 的 Text 属性进行赋值时，使用代码 3-47 来实现，其运行后的效果如图 3-46 所示。

Properties

Name	Description
NewState	New state of controller.
Time	Gets the time when event occurs (Inherited from ControllerEventArgs.)

图 3-45　StateChangedEventArgs 类的属性

代码 3-47

```
private void UpdateGUIstate(object sender, System.EventArgs e)
{
    StateChangedEventArgs ex = (StateChangedEventArgs)e;
    //将参数强制转化为 StateChangedEventArgs 类型
    this.label_controller.Text = "控制器状态：\r\n"+ex.NewState.ToString()+"\r\n"+ ex.Time.ToString();
    //显示控制器最新的状态和控制器状态更新的时间
}
```

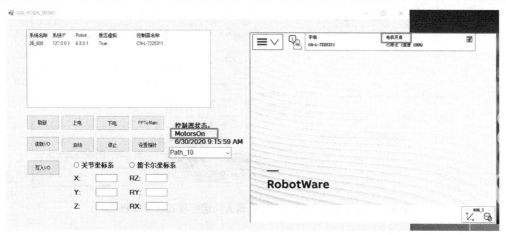

图 3-46　上位机订阅机器人控制器的状态变化及触发时间

机器人的运行模式（Running、Stopped）和操作模式（ManualReducedSpeed、ManualFullSpeed 和 Auto）也可以通过类似方式进行订阅。实现对机器人的运行模式和操作模式订阅的代码如代码 3-48 所示。添加了对机器人的运行模式和操作模式的订阅后，上位机的效果如图 3-47 所示。

代码 3-48

```
void subscribe()
{
controller.StateChanged += new EventHandler<StateChangedEventArgs>(controller_StateChanged);
controller.Rapid.ExecutionStatusChanged += new EventHandler<ExecutionStatusChangedEventArgs>(exe_StateChanged);
//添加对运行模式的订阅
controller.OperatingModeChanged += new EventHandler<OperatingModeChangeEventArgs>(op_StateChanged);
//添加对操作模式的订阅
}
private void exe_StateChanged(object sender, ExecutionStatusChangedEventArgs e)
    {
        this.Invoke(new EventHandler(UpdateGUIexe_state), sender, e);
        //为了避免界面线程和主线程冲突，采用委托方式
    }
private void UpdateGUIexe_state(object sender, System.EventArgs e)
    {
        this.label_exe.Text = "运行模式："+controller.Rapid.ExecutionStatus.ToString();
    }
private void op_StateChanged(object sender, OperatingModeChangeEventArgs e)
```

```
        {
            this.Invoke(new EventHandler(UpdateGUIOp_state), sender, e);
            //为了避免界面线程和主线程冲突，采用委托方式
        }
private void UpdateGUIOp_state(object sender, System.EventArgs e)
        {
            this.label_op.Text = "操作模式：" + controller.OperatingMode.ToString();
        }
```

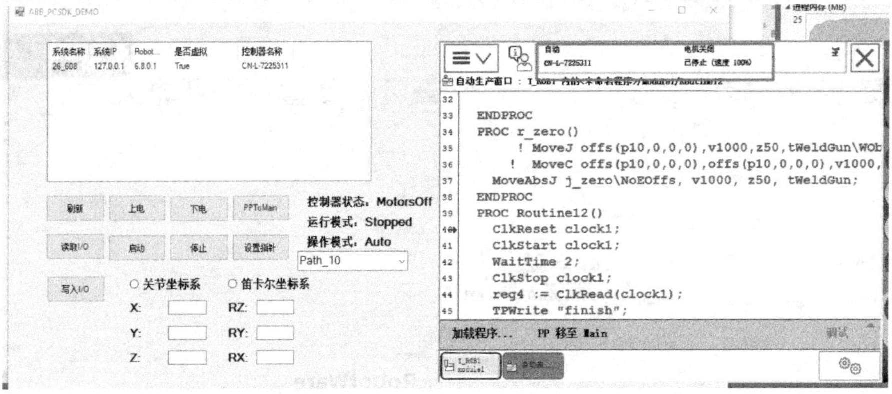

图 3-47　上位机的效果（订阅机器人的运行模式和操作模式）

3.10.2　I/O

对于机器人 I/O 信号的订阅，可以通过订阅 Signal 类的 Changed 事件来实现。例如，添加对 sig 信号的订阅，具体实现如代码 3-49 所示。

代码 3-49

```
sig.Changed += new    EventHandler<SignalChangedEventArgs>(sig_Changed);
//sig_Changed 是用户自己编写的响应信号 Changed 的函数
```

对于单个 I/O 信号的订阅，可以通过使用代码 3-50 来实现。

代码 3-50

```
void Subscribe()
        {
            Signal di0 = controller.IOSystem.GetSignal("di_0");
            di0.Changed += new    EventHandler<SignalChangedEventArgs>(sig_Changed);
        }
        private void sig_Changed(object sender, SignalChangedEventArgs e)
        {
            this.Invoke(new EventHandler(UpdateGUIsig), sender, e);
            //为了避免界面线程和主线程冲突，采用委托方式
        }
        private void UpdateGUIsig(object sender, System.EventArgs e)
        {
            Label_di.Text= di0.Value.ToString();
            //获取最新 di0 的 Value
        }
```

使用 ListView 显示并订阅多个 I/O 信号（图 3-48）的实现代码如代码 3-51 所示。

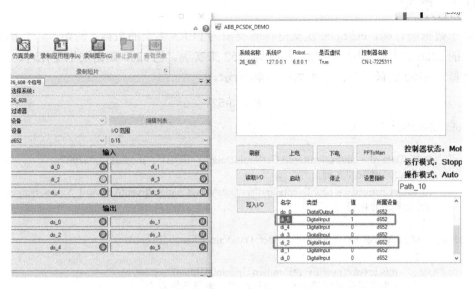

图 3-48　使用 ListView 显示并订阅多个 I/O 信号

代码 3-51

```
void subscribe()
    {
SignalCollection signals = controller.IOSystem.GetSignals(IOFilterTypes.Unit, "d652");
// 获取所有属于 d652 板卡的信号
        foreach (Signal signal in signals)
        {
            ListViewItem item = new ListViewItem(signal.Name);
            item.SubItems.Add(signal.Type.ToString());
            item.SubItems.Add(signal.Value.ToString());
            item.SubItems.Add(signal.Unit.ToString());
            listView2.Items.Add(item);
            item.Tag = signal;
            signal.Changed += new EventHandler<SignalChangedEventArgs>(sig_Changed);
            //对信号添加订阅
        }
    }
private void sig_Changed(object sender, SignalChangedEventArgs e)
    {
        this.Invoke(new EventHandler(UpdateGUIsig), sender, e);
        //为了避免界面线程和主线程冲突，采用委托方式
    }
private void UpdateGUIsig(object sender, System.EventArgs e)
    {
        Signal s = (Signal)sender;
        //将 sender 强制转化为 Signal 类型
        listView2.FindItemWithText(s.Name).SubItems[2].Text = s.Value.ToString();
        //更新对应信号的值，信号的值在 ListView2 的第 3 列
    }
```

3.10.3 数据

对于数据的订阅，PC SDK 仅支持存储类型为 PERS 类型的数据。例如，对于 module1 模块内的 a200 数据的订阅，可以使用代码 3-52 来实现。当 a200 数据发生变化时，上位机会自动显示 a200 的最新值，效果如图 3-49 所示。

代码 3-52

```
void subscribe()
    {
        RapidData rd = controller.Rapid.GetRapidData("T_ROB1", "module1", "a200");
        //创建 a200 数据的实例
        rd.ValueChanged += new EventHandler<DataValueChangedEventArgs>(rd_ValueChanged);
        //添加对数据的订阅
    }
private void rd_ValueChanged(object sender, DataValueChangedEventArgs e)
    {
        this.Invoke(new EventHandler(UpdateGUIdata), sender, e);
        //为了避免界面线程和主线程冲突，采用委托方式
    }
private void UpdateGUIdata(object sender, System.EventArgs e)
    {
        RapidData rd1 = (RapidData)sender;
        //将 sender 强制转换为 RapidData 类型
        txt_Show.Text = rd1.Value.ToString();
        //显示更新后的数据
    }
```

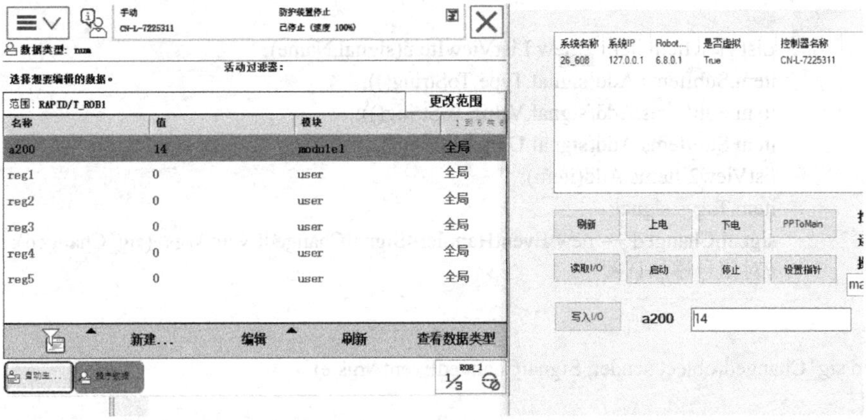

图 3-49 对数据 a200 的订阅

3.10.4 UImessage

PC SDK 支持对机器人端 UImessage 类型的信息的订阅，包括：
- UIAlphaEntry
- UIListView
- UIMessageBox

- UIMsgBox
- UINumEntry
- UINumTune
- TPErase
- TPReadFK
- TPReadNum
- TPWrite

在机器人示教器中执行以上语句时，其会在示教器中显示写屏信息，如图 3-50 所示。以上信息也可以事件的形式通知上位机，即上位机对这些信息进行订阅。

图 3-50　在示教器中显示写屏信息

可以使用代码 3-53 完成对于写屏信息的订阅。其中，UIInstructionEventArgs 类的属性如图 3-51 所示。运行代码 3-53 后，当示教器执行 TpWrite 语句时，其将会在示教器中显示写屏信息，并且上位机也会同时显示对应的写屏信息，效果如图 3-52 所示。

代码 3-53

```
void subscribe()
{
controller.Rapid.UIInstruction.UIInstructionEvent += new UIInstructionEventHandler(OnUIInstructionEvent);
//添加对 UIInstruction 事件的订阅
}
private void OnUIInstructionEvent(object sender, UIInstructionEventArgs e)
{
    this.Invoke(new EventHandler(UpdateGUIUimesseage), sender, e);
        //为了避免界面线程和主线程冲突，采用委托方式
}
private void UpdateGUIUimesseage(object sender, System.EventArgs e)
{
        UIInstructionEventArgs ex = (UIInstructionEventArgs)e;
        //将事件参数强制转化为 UIInstructionEventArgs 类型
        txt_Show.Text = ex.EventMessage.ToString();
        //UIInstructionEventArgs 类型包括写屏指令，写屏信息等参数
}
```

UIInstructionEventArgs Properties

The UIInstructionEventArgs type exposes the following members.

Properties

Name	Description
EventMessage	Any additional text specified by instruction
ExecutionLevel	Task execution level
Instruction	Name of the instruction e.g. TPWrite, UIMessageBox
InstructionEventType	UI-Instructions are either sent with POST or SEND. An ABORT event is sent when a SEND instruction is aborted.
InstructionType	UI instruction type.
StackUrl	URL to task or task stack
TaskName	RAPID task name

图 3-51 UIInstructionEventArgs 类的属性

图 3-52 订阅 TPWrite 写屏信息

对于需要通过输入数据与示教器交互的指令，如 TPReadNum 指令，可以将事件传递的参数 UIInstructionEventArgs e 强制转化为 UITPReadNumEventArgs 类型，然后利用 UITPReadNumEventArgs 类中的 SendAnswer 方法（图 3-53）对 TPReadNum 指令进行响应。具体实现如代码 3-54 所示。

Properties

Name	Description
EventMessage	Any additional text specified by instruction (Inherited from UIInstructionEventArgs.)
ExecutionLevel	Task execution level (Inherited from UIInstructionEventArgs.)
Instruction	Name of the instruction e.g. TPWrite, UIMessageBox (Inherited from UIInstructionEventArgs.)
InstructionEventType	UI-Instructions are either sent with POST or SEND. An ABORT event is sent when a SEND instruction is aborted. (Inherited from UIInstructionEventArgs.)
InstructionType	UI instruction type. (Inherited from UIInstructionEventArgs.)
StackUrl	URL to task or task stack (Inherited from UIInstructionEventArgs.)
TaskName	RAPID task name (Inherited from UIInstructionEventArgs.)
TPText	The information text to be written on the display.

Top

Methods

Name	Description
SendAnswer	Sends response to the UI-Instruction

图 3-53 UITPReadNumEventArgs 类的属性与方法

代码 3-54

```
UITPReadNumEventArgs ex1;
//声明 UITPReadNumEventArgs 类型的数据 ex1
void subscribe()
    {
controller.Rapid.UIInstruction.UIInstructionEvent += new UIInstructionEventHandler(OnUIInstructionEvent);
//添加对 UIInstruction 的订阅
    }
    private void OnUIInstructionEvent(object sender, UIInstructionEventArgs e)
        {
            this.Invoke(new EventHandler(UpdateGUIUimesseage), sender, e);
            //为了避免界面线程和主线程冲突，采用委托方式
        }
    private void UpdateGUIUimesseage(object sender, System.EventArgs e)
        {
            UIInstructionEventArgs ex = (UIInstructionEventArgs)e;
            if (ex.InstructionType == UIInstructionType.TPReadNum)
                {
                    //判断参数的属性是否是 TPReadNum
                    ex1 = (UITPReadNumEventArgs)e;
                    //强制转化为 UITPReadNumEventArgs 类型
                    txt_Show.Text = ex1.TPText.ToString();
                    //显示 TPReadNum 的提示字符串
                }
        }
    private void button1_Click(object sender, EventArgs e)
        {
            ex1.SendAnswer(Convert.ToDouble(txt_response.Text));
            //将文本框数据转化，作为对 TPReadNum 指令的回应
        }
```

运行以上代码，可以得到如图 3-54 和图 3-55 所示的效果。**注意**：在仿真环境下测试时，机器人必须通过 RobotStudio 下的"仿真"-"播放"启动运行，否则上位机会在将 UIInstructionEventArgs 类型强制转化为 UITPReadNumEventArgs 类型时出错。

图 3-54 订阅 TpReadNum 信息

图 3-55　响应 TpReadNum 信息

3.11　显示任务内所有数据

RAPID 内有大量的数据。3.4 节介绍了读取单个 RAPID 数据的方法，即通过 controller.Rapid.GetRapidData（"任务"-"模块"-"变量名"）方法在上位机中创建数据的实例对象并获取其对象值。

大多数 RAPID 元素（数据、模块、任务和数据类型等）都是一个 Symbol 表的成员。通过搜索 Symbol 表可以获得一系列的 RapidSymbol 对象，这些 RapidSymbol 对象包括 RAPID 元素的姓名、位置及类型，通过搜索这些 RapidSymbol 对象可以快速地获得大量的 RAPID 数据。但由于一个系统内有大量的 RAPID Symbol，所以对搜索必须进行相应的配置。

通过 RapidSymbolSearchProperties 可以设置对应的搜索属性（见表 3-5）。例如，如代码 3-55 所示，其创建了一个 RapidSymbolSearchProperties 类型的数据 prop，并设置了相关的 RapidSymbol 搜索属性。

代码 3-55

```
RapidSymbolSearchProperties prop = RapidSymbolSearchProperties.CreateDefault();
prop.Types = SymbolTypes.Data;
//搜索类型是数据
prop.SearchMethod = SymbolSearchMethod.Block;
//向下搜索
prop.InUse = false;
prop.LocalSymbols = false;
//不搜索 Local 变量
prop.Recursive = true;
//向下搜索到底
```

表 3-5　RapidSymbolSearchProperties 的属性

属性	描述
SearchMethod	决定了搜索数据的方向，Block 为向下搜索，Scope 为向上搜索
Types	RAPID 的类型，包括 Constant、Variable、Persistent、Function、Procedure、Trap、Module、Task、Routine 和 RapidData 等 Routine 包括 Function、Procedure 和 Trap，RapidData 包括 Constant、Variable 和 Persistent
Recursive	对于 Block 和 Scope 搜索方法均适用。决定了搜索将停止于本层或者向上搜索直到顶层（向下搜索直到底层）
GlobalSymbols	是否搜索全局变量
LocalSymbols	是否搜索 Local 变量
InUse	是否仅搜索被当前 RAPID 使用的 Symbol

使用 Task 类或者 Module 类的 SearchRapidSymbol 方法可以依据之前设定的 RapidSymbolSearchProperties 属性进行相关搜索并获得返回的 RapidSymbol 数组。例如，代码 3-56 使用 Task 类的 SearchRapidSymbol 方法搜索全局 num 型数据。

代码 3-56

```
RapidSymbol rsCol = tasks[0].SearchRapidSymbol(sProp, "Num", string.Empty);
// SearchRapidSymbol(搜索属性, 数据类型, 搜索关键字正则表达式);
//string.Empty 表示无数据关键字限制
//如要搜索以 r 开头的变量，可以使用 "^r.*"
//SearchRapidSymbol 方法还有其他重载方法
```

要实现图 3-56 显示当前任务中所有的 num 型数据和图 3-57 显示当前任务内所有的 RobTarget 型数据，可以在 C#窗体应用程序中插入一个按钮控件和一个 comboBox 控件，并编写代码 3-57。

图 3-56　显示当前任务内所有的 num 型数据

图 3-57　显示当前任务内所有的 RobTarget 型数据

代码 3-57

```
private void btn_GetAllData_Click(object sender, EventArgs e)
```

```
{
    tasks = controller.Rapid.GetTasks();
    RapidSymbolSearchProperties prop = RapidSymbolSearchProperties.CreateDefault();
    prop.Types = SymbolTypes.Data;
    //仅搜索数据
    prop.InUse = false;
    prop.LocalSymbols = false;
    prop.Recursive = true;
    prop.SearchMethod = SymbolSearchMethod.Block;
    RapidSymbol[] symbols =
    tasks[0].SearchRapidSymbol(prop,comboBox2.SelectedItem.ToString(),string.Empty);
    //依据 comboBox2 的选择，设定搜索数据的类型
    //返回符合搜索要求的所有 RapidSymbol
    this.listView3.Items.Clear();
    foreach (RapidSymbol symbol in symbols)
    {
        RapidData rd = tasks[0].GetRapidData(symbol);
        //依据 RapidSymbol 创建 RapidData
        ListViewItem item = new ListViewItem(symbol.Name);
        item.SubItems.Add(symbol.Type.ToString());
        //symbol.Type 返回存储属性，包括 Var、Pers 或者 Const
        item.SubItems.Add(rd.RapidType.ToString());
        //rd.RapidType 返回数据类型，如 num、RobTarget
        item.SubItems.Add(rd.Value.ToString());
        //获取 rd 的对应值
        item.Tag = symbol;
        this.listView3.Items.Add(item);
    }
}
```

3.12 事件日志

事件日志包含机器人控制器的状态、RAPID 的执行状态和机器人控制器的运行进程等信息。

使用 PC SDK 可以读取事件队列中的消息，也可以使用事件处理程序 EventHandler 来接收每个新事件日志的副本。事件日志包含队列类型、事件类型、事件时间、事件标题和消息。

要使用机器人控制器事件日志的相关代码，需要添加对 EventLogDomain 的引用，如代码 3-58 所示。

代码 3-58

```
using ABB.Robotics.Controllers.EventLogDomain;
```

在实际中使用时，需要先声明一个 EventLog 类型的数据 log，如代码 3-59 所示。

代码 3-59

```
private EventLog log = controller.EventLog;
```

所有事件日志都按类别分类。要搜索单个事件日志，必须知道它属于哪个类别。CategoryType 枚举类型（图 3-58）定义所有机器人事件日志的类别，使用 GetCategory 方法或 Categories 属性（一个包含所有可用类别的数组）可以设置希望获取的事件日志的类别，如代码 3-60 所示。

Member name	Value	Description
Common	0	All elog events, but Internal.
Operational	1	Operational events.
System	2	System events.
Hardware	3	Hardware events.
Program	4	Program events.
Motion	5	Motion events.
Operator	6	Operator events.
IOCommunication	7	IO events.
User	8	User defined events.
Internal	10	Optional productos events. These events are obsolete
Process	11	Process events.
Configuration	12	Configuration events.
SpotWeld	12	**Obsolete.** SpotWeld events.
Paint	13	**Obsolete.** Paint events.
Picker	14	**Obsolete.** Picker events.

图 3-58　CategoryType 枚举类型

代码 3-60

```
EventLogCategory cat;
cat = log.GetCategory(CategoryType.Program);
    //仅获取 Program 类型的事件日志
cat = log.GetCategory[0];
    //获取所有类型的日志
```

通过 Category 对象的 Message 属性可以获取事件日志。例如，可以获取某个类别下的某条消息（Message），如代码 3-61 所示。

代码 3-61

```
EventLogMessage msg = cat.Messages[1];
foreach (EventLogMessage emsg in cat.Messages)
{
    //获取类别下的所有信息
    this.textBox1.Text = emsg.Title;
    .......
}
```

对于 EventLog Message 的属性，见表 3-6。**注意**：完整的报警代码为"日志类别号+错误号"。例如，日志类别为 1，错误号为 2，则完整报警代码为 10002（错误号总共 4 位，不足时用 0 补齐）。

例如，获取机器人的所有事件日志，如代码 3-62 所示。单击"获取日志"按钮后的效果如图 3-59 所示。

表 3-6 EventLog Message 的属性

Name	描述
Body	事件日志中的所有内容，包括标题、说明、结果和可能性原因等
CategoryId	日志的类别
Name	对象的名字
Number	错误号
SequenceNumber	序号
TimeStamp	时间戳
Title	标题
Type	类型，包括 Info、Alarm 和 Warning

代码 3-62

```
private void btn_Alarm_Click(object sender, EventArgs e)
    {
        EventLog log = controller.EventLog;
        EventLogCategory cat;
        cat = log.GetCategory(0);
        //0 表示获取所有事件日志，其他类别参见 CategoryType
        this.txt_Alarm.Text = "";
        {
            foreach (EventLogMessage emsg in cat.Messages)
            {
              //遍历所有的事件日志
                int AlarmNo ;
                AlarmNo = emsg.CategoryId * 10000 + emsg.Number;
                //将事件日志的类别和错误号合并，生成完整的报警代码
                //CategoryId 和 Number 均为 int 类型
                this.txt_Alarm.Text = this.txt_Alarm.Text + emsg.Timestamp + "      " +AlarmNo.ToString()+"   "+ emsg.Title + "    " + "\r\n";
                //将获取到的每一条事件日志写入 TextBox
                //此处举例写入时间戳、报警代码和日志标题
            }
        }
    }
```

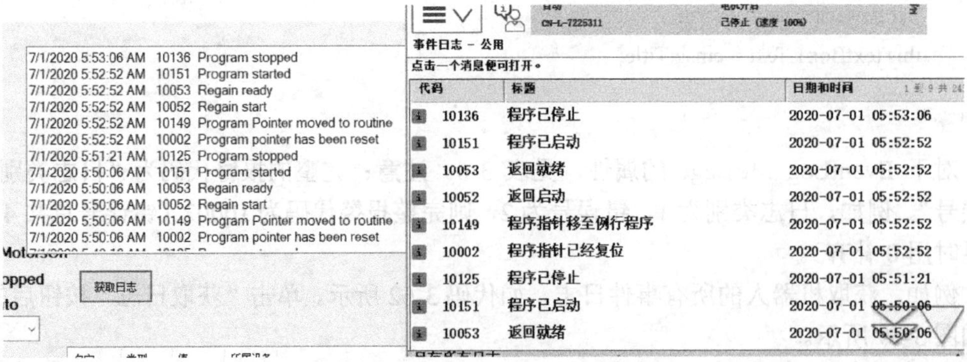

图 3-59 获取机器人所有的事件日志

事件日志也可通过订阅获得，即一旦有新的事件日志产生，机器人控制器会以事件的形式通知上位机。在 C#中可以添加对 MessageWritten 事件的订阅，MessageWrittenEventArgs 参数返回最新的一条事件日志信息也可通过前文所述的方法获取所有信息。运行代码 3-63，当机器人控制器产生新的事件日志时，上位机的效果如图 3-60 所示。

代码 3-63

```
EventLog log;
…
void subscribe()
{
    log = controller.EventLog;
    log.MessageWritten += new EventHandler<MessageWrittenEventArgs>(msg_WritenChanged);
    //添加对事件日志的订阅
}
private void msg_WritenChanged(object sender, MessageWrittenEventArgs e)
{
    txt_Alarm.Text = e.Message.Timestamp + " " + e.Message.Title;
    //显示最新一条日志信息的时间戳和日志标题
}
```

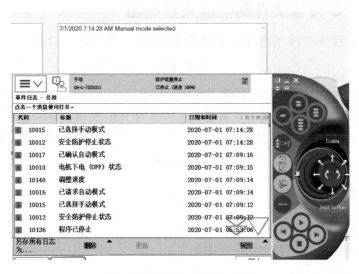

图 3-60　对事件日志的订阅

3.13　传输文件与加载

使用 PC SDK 可以在机器人控制器的文件系统中创建、下载、上传、重命名和删除文件，也可以在机器人控制器系统中创建和删除目录。

使用 RemoteDirectory 和 LocalDirectory 属性可以获取并设置机器人控制器和本地 PC 系统上的路径。其中，RemoteDirectory 指机器人控制器路径，默认 RemoteDirectory 为机器人控制器的 HOME 文件夹；LocalDirectory 指 PC 路径。例如，使用代码 3-64 获取或者设置 RemoteDirectory 和 LocalDirectory。

代码 3-64

```
string remoteDir = controller.FileSystem.RemoteDirectory;
//得到机器人控制器的路径信息，默认为机器人控制器的 HOME 文件夹
string localDir = controller.FileSystem.LocalDirectory;
```

3.13.1 从机器人控制器传输文件到 PC

使用 GetFile 指令将机器人控制器的文件传输到 PC，如代码 3-65 所示。

代码 3-65

```
controller.FileSystem.GetFile(remoteFilePath, localFilePath);
```

例如，从机器人控制器的 HOME 文件夹中传输文件 "module3.mod" 到本地 PC，并且将其命名为 "module3.mod"，具体实现如代码 3-66 所示。

代码 3-66

```
controller.FileSystem.GetFile("module3.mod", "module3.mod", true);
//将机器人控制器中 HOME 文件夹下的 module3.mod 下载到本地 PC，默认为项目的 debug 文件夹
//如果本地有重名 module3.mod，则替换
```

3.13.2 从 PC 传输文件到机器人控制器

使用 PutFile 指令从 PC 向机器人控制器传输文件，如代码 3-67 所示。

代码 3-67

```
controller.FileSystem.PutFile(localFilePath ,remoteFilePath);
```

例如，希望将选择的文件传送至机器人控制器 HOME 文件夹下的 test 文件夹中，可以创建按钮 "上传 mod" 并在其对应的 Click 事件中编写如代码 3-68 所示的代码来实现。

代码 3-68

```
string strFileFullName = "";
//记录文件的全部路径
string strFileName = "";
//记录文件名
OpenFileDialog ofd = new OpenFileDialog();
//打开对话框
  ofd.Filter = "RAPID 文件(*.mod;*.sys)|*.mod;*.sys|所有文件|*.*";
//设置过滤文件后缀名
      if (ofd.ShowDialog() == DialogResult.OK)
      {
          strFileFullName = ofd.FileName;
          //获取文件的全部路径
          strFileName = ofd.SafeFileName;
          //获取文件名
      }
      try
      {
          string remoteDir = controller.FileSystem.RemoteDirectory ;
          if (controller.FileSystem.FileExists("/test/module3.mod"))
            //如果机器人控制器 HOME 文件夹下的 test 文件夹内存在 module3.mod
          {
              controller.FileSystem.PutFile(strFileFullName, "/test/" + strFileName, true);
```

```
                //将选择的文件替换 HOME/test/文件夹下原有的 module3.mod
                MessageBox.Show("替换" + strFileName + " 到 HOME/test/成功");
            }
            else
            {
                controller.FileSystem.PutFile(strFileFullName, "/test/" + strFileName);
                //将选择的文件存放到 HOME/test/文件夹下
                MessageBox.Show("上传" + strFileName + " 到 HOME/test/成功");
            }
        }
        catch (Exception ex)
        {
            MessageBox.Show(ex.ToString());
        }
    }
```

运行以上代码,单击"上传 mod"按钮后,选择对应文件后即可完成上传对应的文件,如图 3-61 所示。

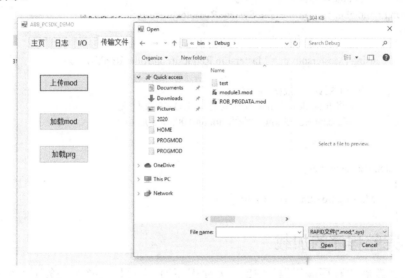

图 3-61 上传文件

3.13.3 程序模块的加载

要在 RAPID 中加载模块文件 (mod、sys),可以使用 RapidDomain 下 Task 类的 LoadModuleFromFile 方法来实现,该方法可以将机器人控制器 HOME 文件夹中的文件或者其他路径下的模块文件加载到机器人控制器的内存中。若有重复文件,可以选择替代相关文件。上位机软件执行加载模块操作时,需要先获取权限。例如,将机器人控制器 HOME/p2 文件夹内的 module1.mod 文件加载到 RAPID 中,可以使用代码 3-69 来实现。

代码 3-69

```
string remoteDir = controller.FileSystem.RemoteDirectory + "/p2/module1.mod";
//设置远程路径为机器人控制器 Home/p2 文件夹下的 module1.mod 文件
using (Mastership m = Mastership.Request(controller.Rapid))
    {
        bool flag1 = tasks[0].LoadModuleFromFile(remoteDir, RapidLoadMode.Replace);
        //将 Home/p2 文件夹中的 module1.mod 文件加载到 RAPID
```

```
            //如果 RAPID 中已经有 module1.mod 文件，则替换
            if (flag1)
            {
                MessageBox.Show("加载 module1.mod 成功");
            }
        }
```

3.13.4　程序模块的保存

对于存在于 RAPID 中的模块文件（mod、sys），可以使用 RapidDomain 下 Module 类的 SaveToFile 方法将该模块文件保存至机器人控制器 HOME 文件夹或者其他路径中，具体实现如代码 3-70 所示。

代码 3-70

```
  Module m1 = tasks[0].GetModule("module100");
//创建一个 module100.mod 文件的实例
  string remoteDir = controller.FileSystem.RemoteDirectory;
  try
  {
        using (Mastership m = Mastership.Request(controller.Rapid))
        {
            m1.SaveToFile(remoteDir);
            //将 module100.mod 文件保存到 HOME 文件夹中
            MessageBox.Show("保存 module100.mod 成功");
        }
  }
  catch (Exception ex)
  {
        MessageBox.Show(ex.ToString());
  }
```

3.13.5　完整程序的加载

机器人示教器-"程序编辑器"中的"另存程序为…"可以将整个任务下的所有模块（系统模块除外）保存至一个文件夹，并且同时生成一个.pgf 文件。.pgf 文件为所有模块文件（module）的索引，单击"加载程序…"，选择对应的.pgf 文件后机器人可以实现加载所有相关的模块文件。

图 3-62　加载程序与另存程序为

使用 RapidDomain 下 Task 类的 LoadProgramFromFile 方法可以将机器人控制器 HOME 文件夹或者机器人控制器其他路径下的"*.pgf"索引文件对应的所有模块文件加载到 RAPID 中。如果有重复，可以选择参数 RapidLoadMode.Replace 将 RAPID 中已有的程序替换。若要保存，则可以使用 SaveProgramToFile 指令来实现，具体实现代码如代码 3-71 所示。

代码 3-71

```
string remoteDir = controller.FileSystem.RemoteDirectory + "/p2/NewProgramName.pgf";
//设置远程路径为 HOME/p2/NewProgramName.pgf
using (Mastership m = Mastership.Request(controller.Rapid))
    {
            bool flag1 = tasks[0].LoadProgramFromFile(remoteDir, RapidLoadMode.Replace);
            //将 NewProgramName.pgf 包含的所有的 module 加载到 RAPID 的 program
            //原有的 program 被清除替换
            //system module 不变
            if (flag1)
            {
                MessageBox.Show("加载 NewProgramName.pgf 成功");
            }
    }
```

3.14 备份与重启

使用 Controller 类的 Backup 方法可以对系统进行备份。Backup 方法后的参数是一个字符串，用于描述存储备份在机器人控制器上的目录路径。上位机也可以恢复机器人以前备份的系统，但这需要先获得 RAPID 和 Configuration 的权限，且只能在自动模式下完成。

以下举例将机器人系统备份至 HOME/test12 文件夹下，且备份的名字为"系统名_backup_日期"。创建一个"备份"按钮，其 Click 事件内的代码如代码 3-72 所示。单击"备份"按钮后的效果如图 3-63 所示。

代码 3-72

```
try
    {
        if (controller != null)
        {
        UserAuthorizationSystem uas = controller.AuthenticationSystem;
        if (uas.CheckDemandGrant(Grant.BackupController))
            { //检查该登录用户是否有备份权限
            string s = controller.SystemName + "_backup_" + DateTime.Now.ToString("yyyy-MM-dd");
            //拼接机器人控制器的名字和日期字符串
            controller.Backup(@"test12/" + s);
            //将备份存放于 HOME 文件夹下的 test12 文件夹中，备份的名字为 s 对应的字符串
            MessageBox.Show("备份完成");
            }
        else
            {
                MessageBox.Show("没有权限 ");
```

```
                }
            }
        }
        catch (Exception ex)
        {
            MessageBox.Show("异常：" + ex.ToString());
        }
```

图 3-63　远程备份机器人系统

使用 Controller 类的 Restart 方法可以对远程机器人重启。重启机器人时，要求机器人处于自动模式且上位机获得了相关权限。

Restart( )方法为常规的 Warm Restart，可在其中添加 ControllerStartMode 枚举参数（图 3-64）实现不同方式的重启，具体实现如代码 3-73 所示。

▲Members

Member name	Value	Description
Warm	0	Restart with current system and current settings.
Cold	1	Delete current system and start boot server.
PStart	2	Restart and delete programs and modules.
IStart	3	Restart with current system and default settings.
XStart	4	Restart and select another system.
SStart	5	Shut down
BStart	6	Restart from previously stored system.

图 3-64　ControllerStartMode 枚举参数

代码 3-73

```
try
{
    using (Mastership m = Mastership.Request(controller))
    {
        //获得权限
        controller.Restart();
    }
```

```
        }
        catch (Exception)
        {
            throw;
        }
```

3.15 获取机器人选项信息

通常可以单击机器人示教器中的"系统信息"按钮获取机器人具有的选项信息,但 PC SDK 也提供了相对应的类(RobotWareOption 类和 RobotWareOptionCollection 类)用于快速获取机器人具有的选项信息。创建"获取机器人信息"按钮,并在其 Click 事件中添加代码 3-74。单击该按钮后,效果如图 3-65 所示。

代码 3-74

```
txt_Info.AppendText("系统名:"+controller.RobotWare.Name.ToString()+"\r\n");
txt_Info.AppendText("RW 版本: " + controller.RobotWare.Version.ToString() + "\r\n");
RobotWareOptionCollection rwop = controller.RobotWare.Options;
//获取当前系统的所有选项信息
foreach (RobotWareOption op in rwop)
{
    txt_Info.AppendText("    option: " + op.ToString() + "\r\n");
    //遍历所有选项信息并将其显示
}
```

图 3-65 显示机器人系统的所有选项信息

3.16 获取机器人运行信息

通过 MotionDomain 命名空间下的 MechanicalUnitServiceInfo 类(图 3-66)可以获得机器人的运行信息,包括生产总时间和自上次检修的运行时常等。通过 Controllers Domain 下的 MainComputerServiceInfo 类(图 3-67)可以获得机器人主计算机的运行信息。

MechanicalUnitServiceInfo Properties

The MechanicalUnitServiceInfo type exposes the following members.

Properties

Name	Description
ElapsedCalenderTimeSinceLastService	Gets the elapsed calender time since last service.
ElapsedProductionTime	Gets the elapsed production time since last SIS reset.
ElapsedProductionTimeSinceLastService	Gets the elapsed production time since last service.
Empty	Gets an empty Mechanical Unit service info object.
IsReadOnly	Gets a value indicating whether this instance is read only. (Inherited from ReadOnlyObject.)
LastStart	Gets the time of the last start.
ServiceInterval	Gets the service interval.
WarningLevel	Gets the warning level.

图 3-66　MechanicalUnitServiceInfo 类的属性

MainComputerServiceInfo Properties

The MainComputerServiceInfo type exposes the following members.

Properties

Name	Description
BoardType	Gets/Sets the board type.
CpuInfo	Gets/Sets the Cpu info.
Empty	Gets the single empty instance.
IsReadOnly	Gets a value indicating whether this instance is read only. (Inherited from ReadOnlyObject.)
RamSize	Gets/Sets the size of RAM in Mega Bytes.
Temperature	Gets/Sets the temperature.

图 3-67　MainComputerServiceInfo 类的属性

创建"获取运行时长信息"按钮，并在其对应的 Click 事件中添加代码 3-75，运行后的效果如图 3-68 所示。

代码 3-75

```
MechanicalUnitServiceInfo m = controller.MotionSystem.ActiveMechanicalUnit.ServiceInfo;
//创建当前机械单元 ServiceInfo 实例
txt_Service.AppendText("生产总时间: "+m.ElapsedProductionTime.TotalHours.ToString() + " 小时 \r\n");
txt_Service.AppendText("自上次服务后的生产总时间: " + m.ElapsedProductionTimeSinceLastService.TotalHours.ToString() + " 小时 \r\n");
txt_Service.AppendText("上次开机: " + m.LastStart.ToString() + "\r\n");

MainComputerServiceInfo m1 = controller.MainComputerServiceInfo;
txt_Service.AppendText("主机 CPU 温度: " + m1.Temperature.ToString() + "° \r\n");
txt_Service.AppendText("主机 CPU 信息: " + m1.CpuInfo.ToString() + " \r\n");
txt_Service.AppendText("主机存储: " + m1.RamSize.ToString() + " \r\n");
```

图 3-68　显示机器人的运行信息

3.17　OPC Server 的配置

3.17.1　IRC5 OPC DA Server 配置

OPC 数据访问（Data Access，DA）规范是指简化不同总线标准间的数据访问机制，为不同总线标准提供了通过标准接口访问现场数据的基本方法。OPC DA Server 屏蔽了不同总线通信协议之间的差异，为上层应用程序提供统一的访问接口，可以很容易地在应用程序层实现对不同总线协议的设备进行互操作。

在现场控制网络中，OPC DA 规范实现了现场数据在控制网络中的纵向传输。OPC DA Server 作为现场总线体系结构中的中间层，其提供了到现场数据源的一个"窗口"，通过硬件驱动程序访问网络适配器（位于监控计算机中，负责与现场设备进行数据交换），并将这些数据以 OPC DA 接口的形式对其进行组织，上层应用程序通过 OPC 接口与 OPC DA Server 进行数据交互，间接获取现场信息，访问现场总线设备中的数据信息。因此，上层应用程序只需要开发一个 OPC DA 访问接口程序就可以访问任何一种总线所提供的 OPC DA Server。当升级或修改硬件时，只需要改动服务器程序中的硬件接口部分即可，不会影响上层应用程序。这种方式也支持网络分布式应用程序之间的通信，这样就可以将监控计算机通过以太网与其他计算机连接，分布在其他计算机中的客户程序可以与监控计算机 OPC 服务器进行通信，实现现场信息的共享。

ABB 工业机器人支持 OPC DA Server。上位机通过机器人的 WAN 网口使用 IRC5 OPC DA 时，机器人需要有 PC Interface 选项。用户可以从 http://developercenter.RobotStudio.com/downloads_opcserver 地址下载 IRC5 OPC DA Server 的安装包。

在 PC 端配置 OPC DA Server 时，需要 PC 连接真实机器人或者打开 RobotStudio 启动仿真机器人系统。

在 PC 系统的"开始"菜单下，找到"ABB IRC5 OPC Configuration"图标，打开软件，如图 3-69 所示。单击图 3-69 中的图标，添加"Aliases"。

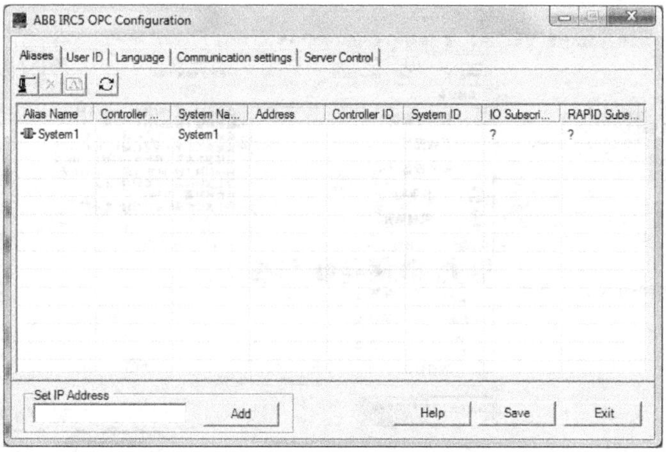

图 3-69 "ABB IRC5 OPC Configuration"对话框

如图 3-70 所示，单击"Scan>>"按钮，扫描网络上的机器人系统。如图 3-71 所示，选择对应机器人系统的名称，单击"Create"按钮，创建机器人系统的 Alias。如图 3-72 所示，单击"Save"按钮，保存配置，OPC DA Server 会被重启并生效，此时可以在"Server Control"标签页中看到服务器已经启动，如图 3-73 所示。

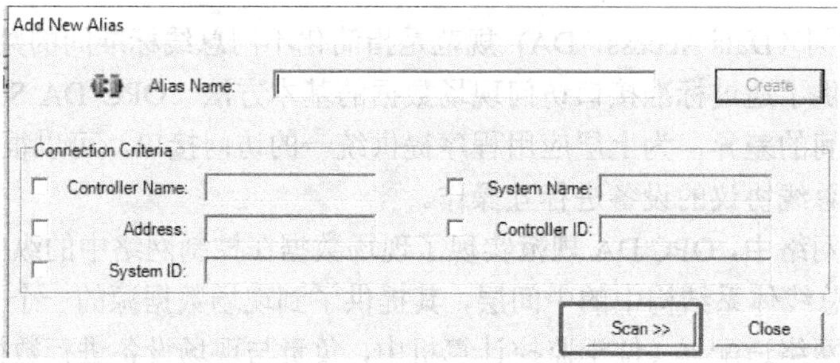

图 3-70 "Add New Alias"对话框（1）

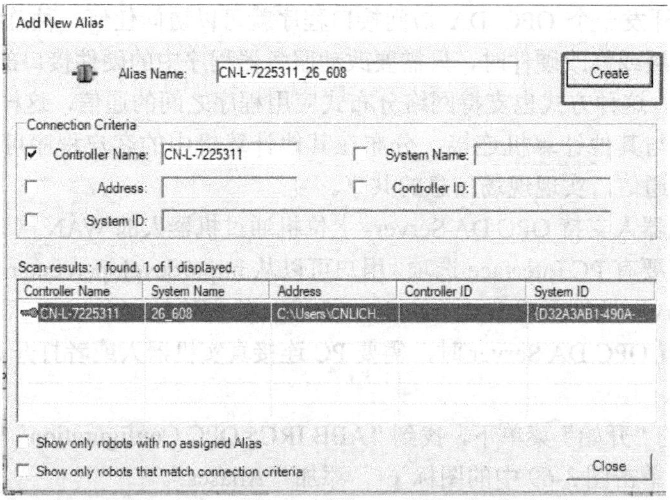

图 3-71 "Add New Alias"对话框（2）

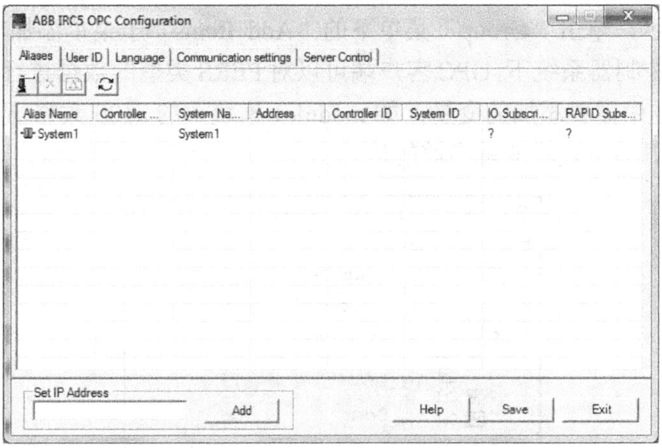

图 3-72 "ABB IRCS OPC Configuration"对话框

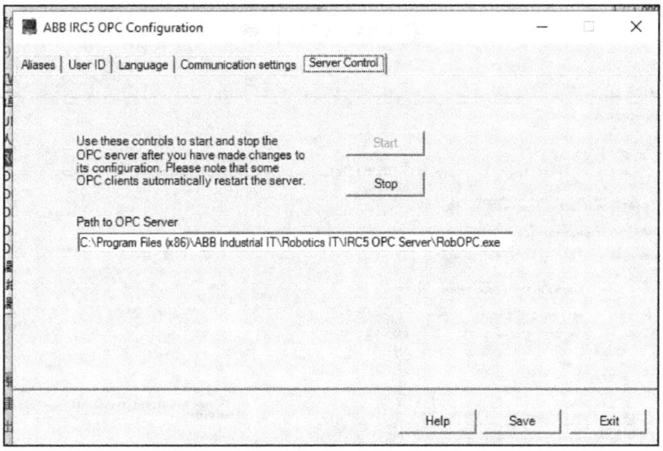

图 3-73 "Server Control"标签页

下文以 MatrikonOPC Explorer 软件为例,讲解如何使用 OPC 客户端与 IRC5 OPC DA Server 进行数据交互。

打开 Matrikon OPC Explorer 软件,其会自动扫描网络上的 OPC DA Server。单击图 3-74 中的"ABB.IRC5.OPC.Server.DA",然后再单击"添加分组"图标。

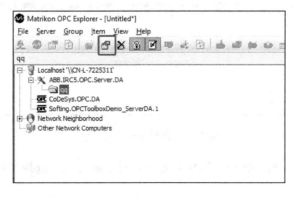

图 3-74 "Matrikon OPC Explorer"界面

如图 3-75 所示，单击"Group"菜单下的"Add Items"子菜单添加项目（Items）。在 ABB 工业机器人控制器系统下，OPC 客户端可以对 PERS 类型的数据进行查看。在 Matrikon OPC Explorer 中选中需要添加的变量，如 module1 模块下的 a100 数据（见图 3-76），可以在图 3-77 所示的界面中查看变量当前的值。

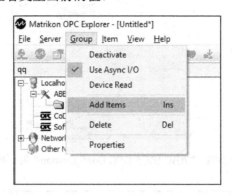

图 3-75　添加目录

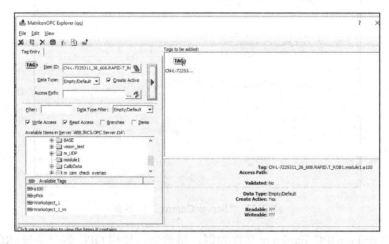

图 3-76　添加数据 a100

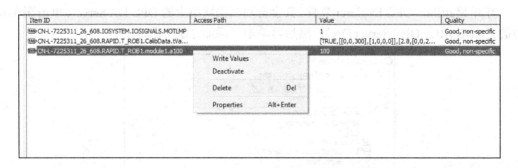

图 3-77　查看变量当前的值

也可对变量进行"写"操作，鼠标右键单击对应的变量，选择"Write Values"写入新值，如图 3-78 所示。

第 3 章 基于 PC SDK 的二次开发

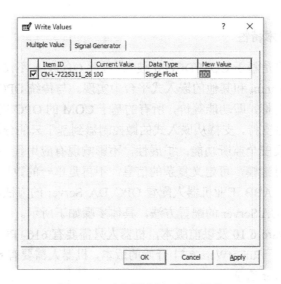

图 3-78 对变量进行"写"操作

如图 3-79 所示，显示了如何添加对 I/O 变量的监控。

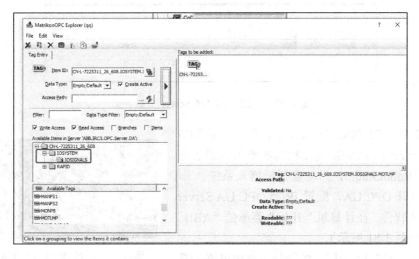

图 3-79 添加对 I/O 变量的监控

3.17.2 IRC5 OPC UA Server 配置

OPC 实时数据访问规范（OPC DA）定义了包括数据值、更新时间与数据品质信息的相关标准。OPC 历史数据访问规范（OPC HDA）定义了查询与分析历史数据和含有时标的数据的方法。OPC 报警事件访问规范（OPC AE）定义了报警与时间类型的消息类信息，以及状态变化管理等相关标准。

1. 为什么要开发 OPC UA

基于 COM/DCOM 的技术有着不可根除的缺点，因此随着技术的进步，以及数据交换各方面需求的提高，OPC 基金会在 2008 年发布了新的规范，应为即 OPC 统一架构（OPC Unified Architecture，OPC UA）。

2. OPC UA 的技术特性

OPC UA 规范不再是基于 COM/DCOM 技术，因此 OPC UA 不仅能在 Windows 平台上实现，而且还可以在 Linux 和其他的嵌入式平台中实现。与传统 OPC 规范相同，OPC UA 同样有着相同的设计目标，即功能等价，所有的基于 COM 的 OPC 规范中的功能都映射到了 OPC UA 中；多平台支持，支持从嵌入式的微控制器到基于云的分散式控制架构；安全，信息加密、互访认证及安全监听功能；扩展性，不影响现有应用程序的情况下就可以添加新的功能；丰富的信息建模，可定义复杂的信息，不再是单一的数据。

3.17.1 小节介绍了 ABB 工业机器人配置 OPC DA Server 的方法，本小节将介绍 ABB 工业机器人作为 OPC UA Server 的配置方法，具体步骤如下所示。

（1）对于 RobotWare 6.10 及以前版本，机器人只需要有 616- PC Interface 选项即可配置 OPC UA Server。对于 RobotWare 6.11 开始的版本，机器人需要有 616- PC Interface 选项和 1582-1 OPC UA Server 选项。

（2）进入 https://developercenter.RobotStudio.com/ 链接下载 IRC5 OPC UA Server 配置软件，如图 3-80 所示为 IRC5 OPC UA Server 下载界面。

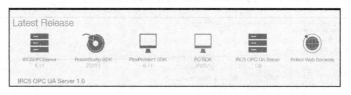

图 3-80　IRC5 OPC UA Server 下载界面

（3）安装 IRC5 OPC UA Server 软件。作为 IRC5 OPC UA Server 的 PC，需要连接真实机器人或者在 PC 中打开 RobotStudio，启动虚拟机器人系统。

（4）打开 OPC UA，配置 IRC5 OPC UA Server Config Tool 软件（在计算机"开始"菜单的"ABB"菜单下，如图 3-81 所示）。

图 3-81　配置 IRC5 OPC UA Server Config Tool 软件

（5）单击图 3-82 中标注的图标，添加机器人系统的名称。

图 3-82　添加机器人系统的名称

（6）单击图 3-83 中的"Scan>>"按钮，扫描网络上的机器人系统。

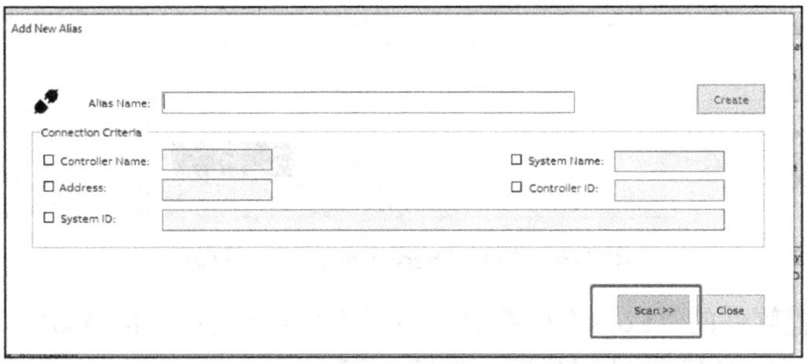

图 3-83 "Add New Alias"对话框（1）

（7）选中对应机器人系统的名称，单击"创建"按钮，如图 3-84 所示。

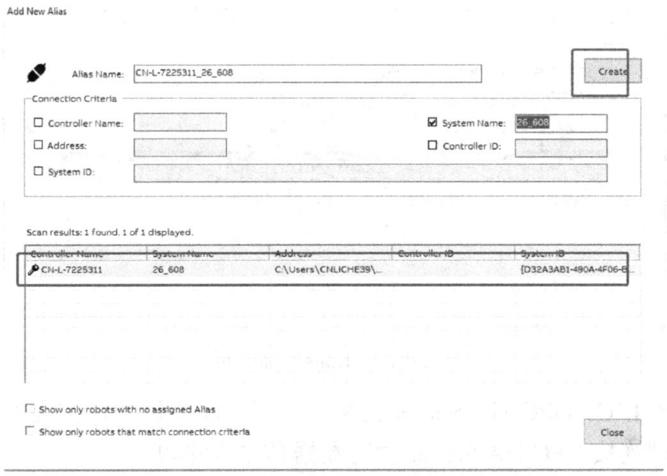

图 3-84 "Add New Alias"对话框（2）

（8）单击图 3-85 中的"Save"按钮，保存配置。稍后会出现图 3-86 中所示的提示，单击"Yes"按钮，完成重启。

图 3-85 单击"Save"按钮

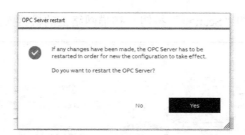

图 3-86 "OPC Server restart"对话框

（9）进入配置软件的"Logs"标签页，可以看到已经启动 IRC5 OPC UA Server，并自动记录了对应 Server 的 IP 地址和端口，如图 3-87 所示。

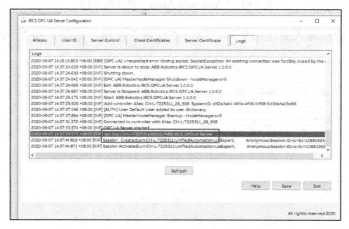

图 3-87 "Logs"标签页

以上步骤完成 IRC5 OPC UA Server 的配置。下文将举例如何实现以 UaExpert 软件作为 OPC UA 客户端连接 OPC UA Server 读写数据具体步骤如下。

（1）单击图 3-88 中"+"图标。

（2）单击图 3-89 中的"<Double click to Add Server...>"，添加 OPC UA Server。

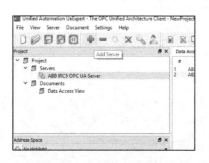

图 3-88 单击"+"图标

图 3-89 "Add Server"对话框

（3）输入从配置软件中获得的 IRC5 OPC UA Server 的 IP 地址及端口，如图 3-90 所示。

图 3-90　输入 IRC5 OPC UA Server 的 IP 地址及端口

（4）如图 3-91 所示，选择客户端的登录方式。若使用 Anonymous 登录，则不能通过客户端写入数据，默认"Username"为"Default User"、"Password"为"robotics"。

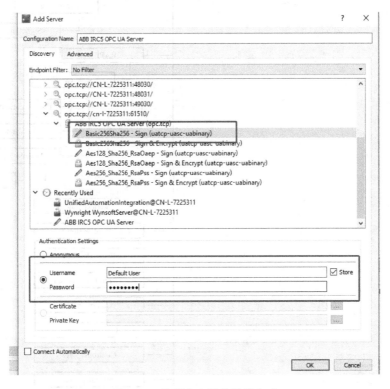

图 3-91　选择客户端的登录方式

（5）单击图 3-92 中标注的连接图标，连接 IRCS OPC UA Server，如图 3-93 所示为读取到对应机器人的 OPC UA Server 信息。

图 3-92　单击连接图标

可以从 IRC5 OPC UA Server 中获取的数据包括但不限于：
- All of the RAPID and IOSYSTEM tags
- OperatingMode
- ControllerState

- ControllerExecutionState
- SpeedRatio
- MasterRAPID
- MasterCFG

IRC5 OPC UA Server 的详细对象和变量如图 3-94 所示。

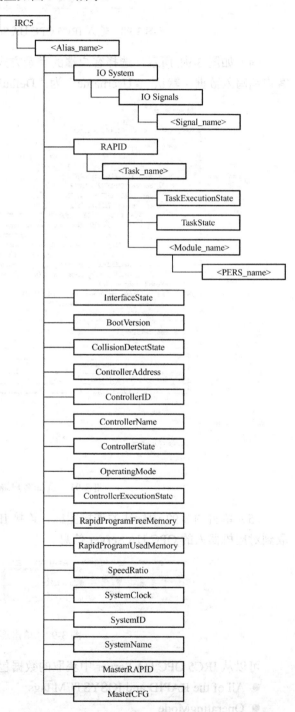

图 3-93　读取到对应机器人的 OPC UA Server 信息　　图 3-94　IRC5 OPC UA Server 的详细对象和变量

若希望获取机器人当前的操作模式（手自动模式），可以将图 3-95 中的"Operating Mode"拖到右侧的"Data Access View"。此时若切换机器人的状态，则 UaExpert 客户端的数据将同步更新，如图 3-96 所示。

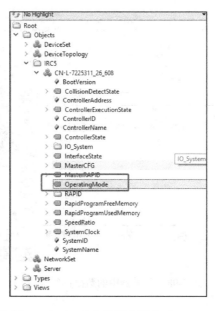

图 3-95　将"OperatingMode"拖到右侧的"Data Access View"

图 3-96　显示机器人当前的操作模式

若要获取机器人 RAPID 程序中 Module1 模块下的 dis 数据，则可将图 3-97 中的"dis"数据拖到 UaExpert 软件的右侧。如图 3-97 所示，OPC UA 客户端的数据与机器人示教器中的数据相同。

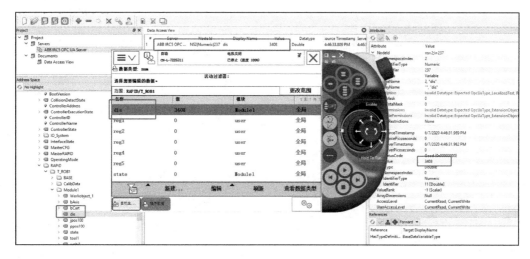

图 3-97　读取 Module1 下的 dis 数据

若要写入数据，可以直接在 OPC UA 客户端中写入数据。如图 3-98 所示，示教器中的数据已经被改写。

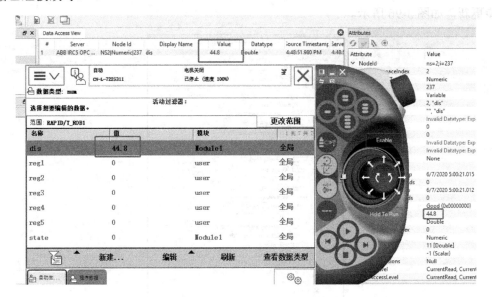

图 3-98　示教器中的数据已经被改写

第 4 章 基于 RobotStudio SDK 的二次开发

4.1 RobotStudio SDK 简介

4.1.1 RobotStudio SDK 概述

附加模块（Add-In）是现有应用程序的扩展，它提供了在默认情况下不支持的各种应用程序功能。Add-In 通常以 DLL 形式分发，其不能自行执行，需要在主应用程序的进程空间中加载和启动它们。最常见的应用程序例子就是网页浏览器，如 Microsoft Internet Explorer 或 Mozilla Firefox，或设计应用程序（如 Adobe Photoshop 和 Adobe Publisher）和 CAD 设计工具（如 Autodesk 3d Studio MAX）。Add-In 以各种形式提供，其中一些是 Active-X、Java 或.NET 组件。

RobotStudio 是 ABB 公司构建于.NET 框架上的仿真和离线编程软件，其提供了可进行深度定制化的接口，这个接口就是 RobotStudio SDK——采用 C#语言以 DLL 动态链接库的形式提供给用户实现两方面的需求，即 Add-In 和 Smart Components。

（1）Add-In：扩展了 RobotStudio 用户界面的功能。

（2）Smart Components：Smart Component（Smart 组件）是 RobotStudio 工作站中同时具有行为和状态的对象，它可以作为参与者参与模拟场景。Smart 组件包含其他组件，如可以使用 RobotStudio 中的 Smart Components 编写器开发 RobotStudio 基本组件。如果 Smart 组件变得过于复杂，或者需要其他现有 Smart 组件中不可用的功能，则可以使用 Microsoft Visual Studio 开发带有隐藏代码的 Smart 组件，也可以从隐藏代码中重用基本组件。Smart 组件扩展 RobotStudio 工作站，而不是 RobotStudio 用户界面。

关于 RobotStudio SDK 的资料，最直接的方式是进入 https://developercenter.RobotStudio.com/api/RobotStudio/链接查看在线文档。也可在安装 RobotStudio SDK 后，在对应安装目录下（默认路径为 C:\Program Files (x86)\ABB Industrial IT\Robotics IT\SDK\RobotStudio SDK 6.08\Help\en）查看帮助文档（RobotStudio API Reference.chm），但该文档只有函数的索引和解释，没有在线文档的向导式说明。

4.1.2 RobotStudio SDK 安装

首先，你的开发环境要预先安装好 RobotStudio 和微软推出的 Visual Studio（社区版即可），你需要很熟悉 C#语言编程。其次，在 ABB 开发者中心官网上（https://developercenter.RobotStudio.com/RobotStudio-sdk/download）下载合适版本的 SDK——既要匹配你的 RobotStudio 版本（保持一致），又要充分考虑你将要面对的机器人的 RobotWare 版本（向下兼容）。

下载并运行解压后的安装文件（名称形如 RobotStudio SDK.6.08.8307.1040.exe）。验证安装文件是否装好的方法是打开 Visual Studio，查看是否已经加载好工程向导，具体步骤是打开 Visual Studio 新建项目，查看模板文件。若当前工程的模板文件较多，则可进行搜索来查找，如图 4-1 所示；若图 4-1 中没有出现相应的工程向导，则可手动添加模板文件。

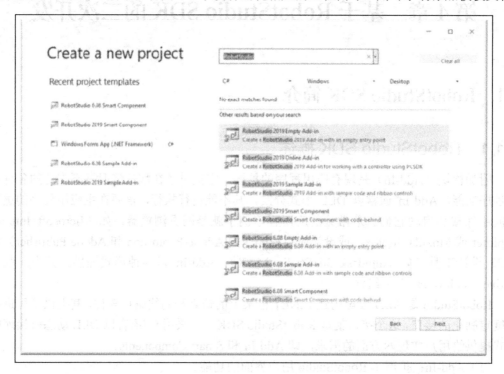

图 4-1 "Geate a new project" 对话框

手动添加模板文件的具体步骤如下所示。

（1）找到 RobotStudio SDK 安装目录下的模板文件，如图 4-2 所示。

图 4-2 找到 RobotStudio SDK 安装目录下的模板文件

（2）找到 Visual Studio（VS）的模板目录，即通过 VS 的菜单栏找到"Options"对话框，在"Projects and Solutions"的"Locations"里看到"User project templates location"（Visual Studio 的模板路径），如图 4-3 所示。

（3）将 RobotStudio SDK 的模板文件复制到 Visual Studio 的模板路径下，如图 4-4 所示，重启 Visual Studio 后可看到相应工程模板向导的选项。

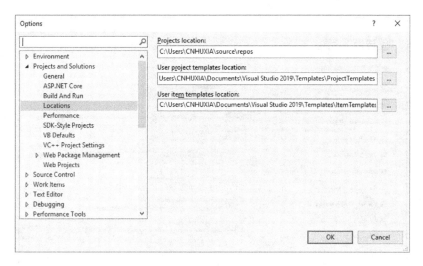

图 4-3 "Options" 对话框

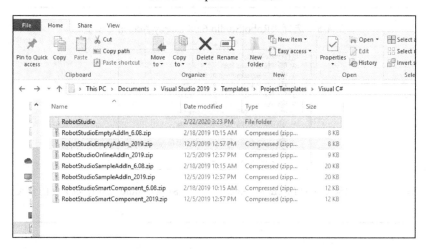

图 4-4 将 RobotStudio SDK 的模板文件复制到 Visual Studio 的模板路径下

4.2 第一个 RobotStudio Add-In

4.2.1 Logger 输出 "Hello World"

调试信息输出是一项很重要的编程调试手段，在 RobotStudio SDK 中的基本语法如下：

Logger.AddMessage("Hello World");

当执行该语句时，就会在 RobotStudio 下方的输出对话框中输出相应的字符串文本信息。

按照 4.1.2 小节介绍的方法安装完 RobotStudio SDK，并将其对应的模板文件复制到 Visual Studio C#模板文件夹下后，打开 Visual Studio，新建项目，选择 "RobotStudio 6.08 Empty Add-in" 模板，如图 4-5 所示。

图 4-6 为 RobotStudio API Reference.chm 中关于 RobotStudio API 命名空间的分类，调试信息输出 Logger 类(见图 4-7)就属于 ABB.Robotics.RobotStudio 命名空间。要使用 Logger 类，需要添加对 ABB.Robotics.RobotStudio 的引用。

图 4-5　选择"RobotStudio 6.08 Empty Add-in"模板

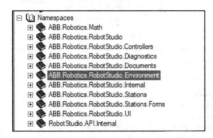

图 4-6　RobotStudio API Reference.chm 中关于 RobotStudio API 命名空间的分类

图 4-7　Logger 类及其属性和方法

在 AddinMain 函数中添加 Logger.AddMessage，如代码 4-1 所示。

代码 4-1

```
using System;
using System.Collections.Generic;
using System.Text;

using ABB.Robotics.Math;
using ABB.Robotics.RobotStudio;
using ABB.Robotics.RobotStudio.Environment;
using ABB.Robotics.RobotStudio.Stations;

namespace RobotStudioEmptyAddin31
{
    public class Class1
    {
        //当加载 Add-in 时，这里是主入口
        public static void AddinMain()
        {
            Logger.AddMessage(new LogMessage("Hello, I am a RobotStudio Add-In!"));
            //在 RobotStudio 日志栏显示
        }
    }
}
```

编写以上代码后，如图 4-8 所示，单击 Visual Studio 软件中的"编译"按钮或"生成解决方案（B）"菜单，生成解决方案。如图 4-9 所示，进入项目文件夹。在项目文件夹中，找到 bin/Debug 文件夹。如图 4-10 所示，将文件夹内的 RobotStudioEmptyAddin31.dll 和 RobotStudioEmptyAddin31.rsaddin 两个文件复制至 RobotStudio 的安装路径内（默认路径为 C:\Program Files (x86)\ABB Industrial IT\Robotics IT\RobotStudio 6.08\Bin\Addins）。

图 4-8 生成解决方案

重新打开 RobotStudio 6.08，此时可以在 RobotStudio 的日志栏内看到 Logger 输出 "Hello，I am a RobotStudio Add-In!"，如图 4-11 所示。若第一次打开 RobotStudio 时未自动显示，可以进入图 4-12 所示的位置，鼠标右键单击对应的 Add-In，选择"加载 Add In"菜单，完成手动加载 Add-In。

图 4-9　进入项目文件夹

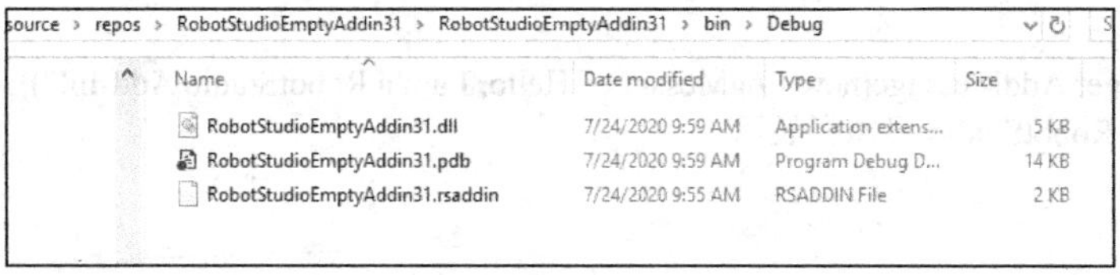

图 4-10　bin/Debug 文件夹中的内容

图 4-11　启动 RobotStudio 显示 Logger 输出信息

图 4-12　手动加载 Add-In

4.2.2 创建 Button 输出 Logger 信息

Add-In 可以在 RobotStudio 的菜单栏中增加 Ribbon、Group 和 Button 等自定义控件。本小节将讲解如何在 RobotStudio 菜单栏中创建 Button（按钮）和单击 Button 后在日志栏中输出 Logger 信息，效果如图 4-13 所示。

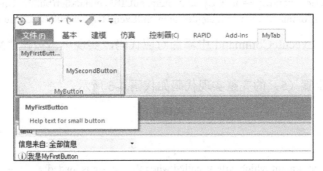

图 4-13　单击 Button 后在日志栏中输出 Logger 信息

在图 4-13 中，MyTab 属于 ABB.Robotics.RobotStudio.Environment 命名空间中的 RibbonTab 类；MyButton 属于 ABB.Robotics.RobotStudio.Environment 命名空间中的 RibbonGroup 类；MyFirstButton 属于 ABB.Robotics.RobotStudio.Environment 命名空间中的 CommandBarButton 类。

在 RobotStudio 菜单栏中创建 Button（按钮）和单击 Button 后在日志栏中输出 Logger 信息的具体步骤如下所示。

（1）使用 RibbonTab(String, String) 函数创建一个新的 RibbonTab，如代码 4-2 所示。RibbonTab(String, String)函数中的第一个字符串为 ID，第二个字符串为该 RibbonTab 的名字（Caption）。

代码 4-2

```
RibbonTab ribbonTab = new RibbonTab("MyTab", "MyTab");
UIEnvironment.RibbonTabs.Add(ribbonTab);
UIEnvironment.ActiveRibbonTab = ribbonTab;
```

（2）使用 RibbonGroup(String, String)函数创建一个新的 RibbonGroup，如代码 4-3 所示。RibbonGroup(String, String)函数中的第一个字符串为 ID，第二个字符串为该 RibbonGroup 的名字（Caption）。

代码 4-3

```
RibbonGroup ribbonGroup = new RibbonGroup("MyButtons", "MyButton");
```

（3）使用 CommandBarButton (String, String)函数创建一个新的 CommandBarButton，如代码 4-4 所示。CommandBarButton (String, String)函数的中第一个字符串为 ID，第二个字符串为该 CommandBarButton 的名字（Caption）。

代码 4-4

```
CommandBarButton buttonFirst = new CommandBarButton("MyFirstButton", "MyFirstButton");
buttonFirst.HelpText = "Help text for small button";
//显示该按钮的帮助信息，即鼠标停留在该 Button 处会显示帮助信息
```

```
buttonFirst.Enabled = true;
ribbonGroup.Controls.Add(buttonFirst);
```

（4）初始化 buttonFirst 的事件，如代码 4-5 所示。

代码 4-5

```
buttonFirst.UpdateCommandUI += new UpdateCommandUIEventHandler(button_UpdateCommandUI);
buttonFirst.ExecuteCommand += new ExecuteCommandEventHandler(button_ExecuteCommand);
```

（5）在 button_ExecuteCommand 中添加对应代码，实现单击按钮"MyFirstButton"输出 Logger 信息。

步骤（1）～步骤（5）的完整实现代码如代码 4-6 所示。

代码 4-6

```
public class Class1
    {
        // This is the entry point which will be called when the Add-in is loaded
        public static void AddinMain()
        {
            CreateButton();
        }
        static void CreateButton()
        {
            //Begin UndoStep
            Project.UndoContext.BeginUndoStep("Add Buttons");
            try
            {
                // 创建一个新的 RibbonTab
                RibbonTab ribbonTab = new RibbonTab("MyTab", "MyTab");
                UIEnvironment.RibbonTabs.Add(ribbonTab);
                //将该 tab 设置为激活
                UIEnvironment.ActiveRibbonTab = ribbonTab;
                //创建一个 Group
                RibbonGroup ribbonGroup = new RibbonGroup("MyButtons", "MyButton");
                // 创建一个小按钮
                CommandBarButton buttonFirst = new CommandBarButton("MyFirstButton", "MyFirstButton");
                buttonFirst.HelpText = "Help text for small button";
                buttonFirst.DefaultEnabled = true;
                ribbonGroup.Controls.Add(buttonFirst);
                //在按钮间添加显示的分割线
                CommandBarSeparator seperator = new CommandBarSeparator();
                ribbonGroup.Controls.Add(seperator);
                // 创建第二个 Button，Button 形式为 Large
                CommandBarButton buttonSecond = new CommandBarButton("MySecondButton", "MySecondButton");
                buttonSecond.HelpText = "Help text for large button";
                buttonSecond.DefaultEnabled = true;
                ribbonGroup.Controls.Add(buttonSecond);
                // 设置 Button 的大小
                RibbonControlLayout[] ribbonControlLayout = { RibbonControlLayout.Small, RibbonControlLayout.Large };
                ribbonGroup.SetControlLayout(buttonFirst, ribbonControlLayout[0]);
```

```
            ribbonGroup.SetControlLayout(buttonSecond, ribbonControlLayout[1]);

            //将 Group 添加到 RibbonTab
            ribbonTab.Groups.Add(ribbonGroup);

            // 增加 UI 响应事件
            buttonFirst.UpdateCommandUI += new UpdateCommandUIEventHandler(button_UpdateCommandUI);
            // 增加单击按钮响应事件
            buttonFirst.ExecuteCommand += new ExecuteCommandEventHandler(button_ExecuteCommand);

        }
        catch (Exception ex)
        {
            Project.UndoContext.CancelUndoStep(CancelUndoStepType.Rollback);
            Logger.AddMessage(new LogMessage(ex.Message.ToString()));
        }
        finally
        {
            Project.UndoContext.EndUndoStep();
        }
    }
    static void button_ExecuteCommand(object sender, ExecuteCommandEventArgs e)
    {
        Logger.AddMessage(new LogMessage("我是 MyFirstButton"));
        //在 Logger 栏显示信息
    }

    static void button_UpdateCommandUI(object sender, UpdateCommandUIEventArgs e)
    {
        // This enables the button, instead of "button1.Enabled = true".
        e.Enabled = true;
    }
}
```

（6）完成以上代码后，单击 Visual Studio 中的"生成解决方案（B）"菜单。

（7）将 bin/Debug 文件夹内的 RobotStudioEmptyAddin31.dll 和 RobotStudioEmptyAddin31.rsaddin 两个文件复制至 RobotStudio 的安装路径内（默认路径为 C:\Program Files (x86)\ABB IndustrialIT\Robotics IT\RobotStudio 6.08\Bin\Addins）。

（8）重新打开 RobotStudio，即可看到如图 4-13 所示的效果。

4.3 我的机器人查看器 Add-In

RobotStudio 的"控制器"下有"在线监视器"，如图 4-14 所示。当 RobotStudio 连接真实机器人时，可以在此界面实时查看机器人的位置（1s 刷新一次）。

如图 4-15 所示，本节将介绍如何自定义 Add-In"我的机器人查看器"；实现"在线监视"功能。

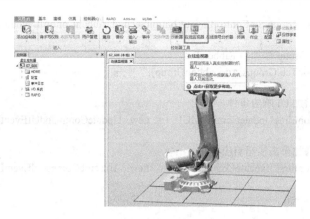

图 4-14 在线监视器

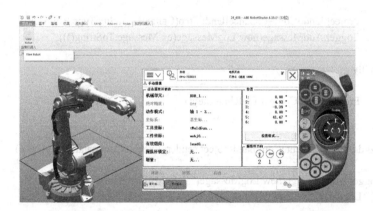

图 4-15 自定义 Add-In "我的机器人查看器"

4.3.1 创建新视图函数

为实现图 4-15 所示的自定义 Add-In "我的机器人查看器"，需要在 Add-In 中实现两个功能，即新建窗口并显示与控制器匹配的机器人模型；机器人运动时，Add-In 自动获取机器人当前的位置并刷新窗口中机器人模型的位置。

由于显示新窗口及读取机器人当前的位置信息等需要使用相关类，所以需要在使用模板 RobotStudio 6.08 Empty Add-in 新建的项目中添加如代码 4-7 中所示的引用。

代码 4-7

```
using ABB.Robotics.Controllers;
using ABB.Robotics.Controllers.ConfigurationDomain;
using ABB.Robotics.Controllers.MotionDomain;
using ABB.Robotics.Controllers.RapidDomain;
//以上引用需要添加 PC SDK 中的 ABB.Robotics.Controllers.PC
using ABB.Robotics.Math;
using ABB.Robotics.RobotStudio;
using ABB.Robotics.RobotStudio.Controllers;
using ABB.Robotics.RobotStudio.Environment;
using ABB.Robotics.RobotStudio.Stations;
using ABB.Robotics.RobotStudio.Stations.Forms;
```

为方便获取机器人的相关数据,新建一个 MechanismData 类,其包含的属性如代码 4-8 所示。

代码 4-8

```
public class MechanismData
    {
        public Controller RealController;
        // Controller 属于 ABB.Robotics.Controllers 命名空间
        public RsIrc5Controller VirtualController;
        // RsIrc5Controller 属于 ABB.Robotics.RobotStudio.Stations 命名空间
        public MechanicalUnit MechUnit;
        // Controller 属于 ABB.Robotics.Controllers.MotionDomain 命名空间
        public Mechanism VirtualMechanism;
        // Mechanism 属于 ABB.Robotics.RobotStudio.Stations 命名空间
    }
```

为方便后期控制关联窗口,新建字典。其中,字典 Key 为上文新建的 MechanismData 类,字典的 Value 为 ABB.Robotics.RobotStudio.Environment.Window,如代码 4-9 所示。

代码 4-9

```
private Dictionary<MechanismData, Window> _mech2window = new Dictionary<MechanismData, Window>();
```

参考 4.2.2 小节和图 4-15 所示的布局,创建对应的 Ribbon、Group 和 Button,具体实现如代码 4-10 所示。

代码 4-10

```
public class OnlineMonitorAddin
    {
    private Dictionary<MechanismData, Window> _mech2window = new Dictionary<MechanismData, Window>();
      public static void AddinMain()
        {
            OnlineMonitorAddin addin = new OnlineMonitorAddin();
            addin.RegisterCommands();
        }
      public void RegisterCommands()
        {
            RibbonTab ribbonTab = new RibbonTab("MyRobot", "我的机器人");
            //新建一个 RibbonTab,显示的名字为"我的机器人"
            UIEnvironment.RibbonTabs.Add(ribbonTab);
            //添加 ribbonTab,激活 ribbonTab
            UIEnvironment.ActiveRibbonTab = ribbonTab;

            RibbonGroup ribbonGroup = new RibbonGroup("MyButtons", "查看机器人");
            // 创建一个 Group

            CommandBarButton button = new CommandBarButton("ViewOnlineRobot", "View Robot");
```

```csharp
// 创建一个 Button
button.DefaultEnabled = true;
ribbonGroup.Controls.Add(button);
//添加 button 到 ribbonGroup
ribbonTab.Groups.Add(ribbonGroup);
//添加 ribbonGroup 到 ribbonTab
button.ExecuteCommand += new ExecuteCommandEventHandler(button_ExecuteCommand);
button.UpdateCommandUI += new UpdateCommandUIEventHandler(button_UpdateCommandUI);
//添加按钮执行的响应事件和 UI 显示事件
    }
//其他部分代码
}
```

对于按钮的 UI 显示事件，添加如代码 4-11 所示的代码。

代码 4-11

```csharp
void button_UpdateCommandUI(object sender, UpdateCommandUIEventArgs e)
    {
        switch (e.Id)
        {
            case "ViewOnlineRobot":
                {
                    Controller controller = GetSelectedController();
                    //获取当前控制器，至少当有一个控制器启动时，该 Button 的 Enable 属性设为 True
                    e.Enabled = controller != null;
                    break;
                }
        }
    }
private Controller GetSelectedController()
    {
        try
        {
            Guid selectedSystem = Guid.Empty;
            try
            {
                if (selectedSystem == Guid.Empty &&
                    ControllerManager.ControllerReferences.Count >0)
                // ControllerManager.ControllerReferences.Count 返回当前连接上的控制器系统总数
                {
                    selectedSystem = ControllerManager.ControllerReferences[0].SystemId;
                    //使用获取到的第一个控制器系统
                }
            }
            catch
            {
```

```
            return null;
        }
        return selectedSystem == Guid.Empty ? null : new Controller(selectedSystem);
        //返回获取到的控制器系统
    }
    catch(Exception ex)
    {
        Logger.AddMessage(new LogMessage(ex.Message));
    }
    return null;
}
```

对于按钮执行的响应事件，添加如代码 4-12 所示的代码。

代码 4-12

```
void button_ExecuteCommand(object sender, ExecuteCommandEventArgs e)
{
    switch (e.Id)
    {
        case "ViewOnlineRobot":
        {
            OpenRobotWindow();
            //具体在 OpenRobotWindow 函数中实现
            break;
        }
    }
}
```

对于机器人模型的导入，可以根据获取到的机器人控制器数据自动加载。本段举例单击"查看机器人"按钮时，人工选择导入对应的机器人模型。机器人模型默认的路径为 C:\Program Files (x86)\ABB Industrial IT\Robotics IT\RobotStudio 6.08\ABB Library\Robots。选择的机器人模型要与实际控制器中的机器人参数一致。关于机械装置，可以参考 RobotStudio SDK help 中的 ABB.Robotics.RobotStudio.Stations 命名空间下的 Mechanism 类（见图4-16）。关于在 RobotSudio 的 3D 视图下显示一个对象，可以参考 RobotStudio SDK help 中 ABB.Robotics.RobotStudio.Stations.Forms 命名空间下的 GraphicControl 类（见图4-17）。

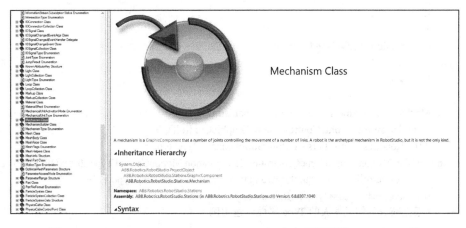

图 4-16　AABB.Robotics.RobotStudio.Stations 命名空间下的 Mechanism 类

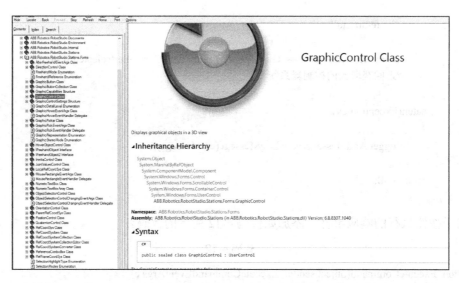

图 4-17　ABB.Robotics.RobotStudio.Stations.Forms 命名空间下的 GraphicControl 类

代码 4-13 实现了在 RobotStudio 中导入机器人模型及模型与机器人控制器数据的关联。

代码 4-13

```csharp
private void OpenRobotWindow()
{
    string libFilePath = string.Empty;
    OpenFileDialog dialog = new OpenFileDialog();
    dialog.Filter =
        "rslib files (*.rslib)|*.rslib";
    //导入模型后缀名过滤

    if (dialog.ShowDialog() == DialogResult.OK)
        libFilePath = dialog.FileName;
    if (libFilePath == string.Empty)
        return;
    Controller controller = GetSelectedController();
    Window w = UIEnvironment.Windows[controller.SystemId];

    if (w != null)
    {
        Window.ActiveWindow = w;
        return;
    }

    MechanismData mechData = new MechanismData();
    GraphicControl graphicControl = new GraphicControl();
    ABB.Robotics.Controllers.ConfigurationDomain.Type type =
controller.Configuration.MotionControl.Types[controller.Configuration.MotionControl.Types.IndexOf("ROBOT")];
    // 获取 controller- ConfigurationDomain domain 中机器人的 Type 属性
    Instance[] instances = type.GetInstances();
    //根据获取到的机器人的 Type 属性创建实例
```

```csharp
            for (int i = 0; i < instances.Length; i++)
            {
                string robotType = instances[i].GetAttribute("use_robot_type") as string;
                string mechanismModel = controller.Configuration.Read("MOC", "ROBOT_TYPE", robotType, "name");
                //可以根据获取到的 controller 实例中机器人的 Type 自动加载机器人模型
                //本段未采用自动加载

                Mechanism mechanism = LoadMechanism(libFilePath);
                //根据选择加载的模型路径加载模型
                graphicControl.RootObject = mechanism;
                //将机器人设为 RootObject
                mechData.VirtualMechanism = mechanism;
                mechData.RealController = controller;
                mechData.MechUnit = mechData.RealController.MotionSystem.MechanicalUnits[0];
                //更新 mechData

                w = new DocumentWindow(controller.SystemId, graphicControl);
                w.Caption = "System: " + controller.SystemName;
                //显示窗体的名字
                UIEnvironment.Windows.Add(w);
                w.Closed += new EventHandler(w_Closed);
                //添加关闭窗体事件
                _mech2window.Add(mechData, w);
                //向字典中添加内容
            }
        }
void w_Closed(object sender, EventArgs e)
        {
            foreach (KeyValuePair<MechanismData, Window> kvp in _mech2window)
            {
                if (kvp.Value == sender as Window)
                {
                    _mech2window.Remove(kvp.Key);
                    //关闭窗体时移除字典中的相关内容
                    break;
                }
            }
        }
```

完成以上代码，单击 Visual Studio 中的"生成解决方案（B）"菜单。将 bin/Debug 文件夹内的 OnlineMonitorAddin.dll 和 OnlineMonitorAddin.rsaddin 两个文件复制至 RobotStudio 的安装路径内（默认路径为 C:\Program Files (x86)\ABB Industrial IT\Robotics IT\RobotStudio 6.08\Bin\Addins），重新打开 RobotStudio，即可看到如图 4-18 所示的效果。若没有自动显示，则可按照图 4-19 所示，鼠标右键单击对应的 Add-In，选择"加载 Add-In"菜单来完成手动加载 Add-In。此时若移动机器人，则视图中的机器人模型不会随之运动。

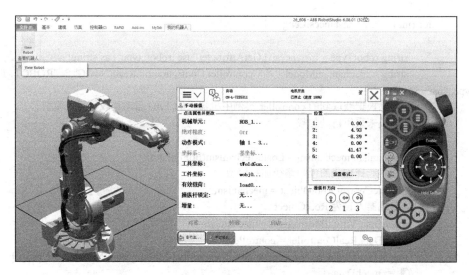

图 4-18 自定义 Add-In "我的机器人查看器"

图 4-19 手动加载 Add-In

4.3.2 获取机械装置函数

上文已经实现在自己制作的 Add-In 中显示机器人模型。若要实现机器人模型同步跟随控制器数据运动，则还需要编写获取当前位置的函数，并将位置数据关联至机器人模型。

为定时自动获取机器人的位置，可以使用定时器 Timer。在代码的最上方添加对 _timer 的声明，如代码 4-14 所示。

代码 4-14

```
Timer _timer = new Timer();
```

可以在 4.3.1 小节中的 OpenRobotWindow 函数中调用代码 4-15 启动定时器 Timer。

代码 4-15

```
private void EnsureTimer()
{
    if (_timer.Enabled)
        return;
```

```
        //如果_timer 已经启动，则返回
        _timer.Interval = 1000;
        //设置定时器间隔 1000ms
        _timer.Start();
        _timer.Tick += new EventHandler(_timer_Tick);
}
```

在_timer 触发的响应代码中，使用 GetPosition( )函数获取机器人控制器当前的 JointTarget。通过 Mechanism.SetJointValues(double[] jointValues, bool updateController)函数对工作站（Station）中当前的机器人模型（Mechanism）进行位置赋值。最后通过 GraphicControl.UpdateAll( )函数刷新机器人模型的各关节位置，具体实现如代码 4-16 所示。

代码 4-16

```
void _timer_Tick(object sender, EventArgs e)
    {
        try
        {
            foreach (MechanismData data in _mech2window.Keys)
            {
                JointTarget jt = data.MechUnit.GetPosition();
                double[] jv = new double[]{
                Globals.DegToRad(jt.RobAx.Rax_1),
                //将角度转弧度，使用 ABB.Robotics.Math.Globals.DegToRad 函数
                Globals.DegToRad(jt.RobAx.Rax_2),
                Globals.DegToRad(jt.RobAx.Rax_3),
                Globals.DegToRad(jt.RobAx.Rax_4),
                Globals.DegToRad(jt.RobAx.Rax_5),
                Globals.DegToRad(jt.RobAx.Rax_6)};
                data.VirtualMechanism.SetJointValues(jv ,false);
                GraphicControl.UpdateAll();
            }
        }
        catch(Exception ee)
        {
            string s = ee.Message;
        }
    }
```

完成以上代码，单击 Visual Studio 中的"生成解决方案（B）"菜单。将 bin/Debug 文件夹内的 OnlineMonitorAddin.dll 和 OnlineMonitorAddin.rsaddin 两个文件复制至 RobotStudio 的安装路径内（默认路径为 C:\Program Files (x86)\ABB Industrial IT\Robotics IT\RobotStudio 6.08\Bin\Addins），重新打开 RobotStudio，即可看到如图 4-18 所示的效果。若此时通过示教器移动机器人，则工作站视图中的机器人模型会跟着控制器数据的变化而移动。

4.4 自定义 Smart 组件

4.4.1 信号与 Logger 输出

Smart 组件是 RobotStudio 对象（以 3D 图像或不以 3D 图像表示），该组件的动作可以

由代码或/其他 Smart 组件控制执行。例如，通过一个 Smart 组件实现对夹抓的打开动画或关闭动画，或者通过一个 Smart 组件的 Attacher 组件实现对某个物体的吸附等。通常可以在 RobotStudio 的"建模"菜单下创建 Smart 组件，并利用 RobotStudio 自带的 Smart 组件包（见图 4-20）进行相关信号的关联和属性的传递等。

图 4-20　RobotStudio 自带的 Smart 组件包

由于 RobotStudio 自带的 Smart 组件功能有限，所以可以利用 RobotStudio SDK 的 Smart 组件模板在 C#中自行开发，以便实现更多的用户需求。

本小节将举例介绍如何通过 RobotStudio SDK 的 Smart 组件模板制作一个 Smart 组件，单击该 Smart 组件的输入信号按钮时可以在 RobotStudio 的输出栏输出 Logger 信息（显示该信号的当前值），如图 4-21 所示。

图 4-21　在 RobotStudio 的输出栏输出 Logger 信息

在 Visual Studio 中新建项目，选择 RobotStudio 6.08 Smart Component 模板，如图 4-22 所示。

图 4-22　选择 RobotStudio 6.08 Smart Component 模板

在 Visual Studio 中新建项目后，会自动生成如图 4-23 所示的基于 Smart 组件模板自动生成的文件。其中，SmartComponent1.xml 为前台显示资源配置文件，其包括 Properties（属性）、Attributes（属性的附加信息）、Bindings（绑定）、Graphic Component（图形化组件）和信号（Signals）等，在其中可以配置如输入输出信号按钮或者属性等；SmartComponent1.en.xml 为前台显示资源文件（仅暴露 Properties 和 Signal）；CodeBehind.cs 为核心代码部分。

图 4-23　基于 Smart 组件模板自动生成的文件

如表 4-1 所示，其介绍了 Smart 组件涉及的相关术语。关于 Smart 组件类的相关信息，可以查阅图 4-6 中 RobotStudio API Reference.chm 中的 ABB.Robotics.RobotStudio.Stations 命名空间。

表 4-1　Smart 组件涉及的相关术语

术　　语	描　　述
Code Behind	与 Smart 组件相关联的 .NET 类，它可以通过对某些事件做出响应来实现自定义行为。例如，模拟时间点和属性值的更改。该类通常位于作为资源嵌入的程序集中，其必须继承 SmartComponentCodeBehind
Dynamic Property	Smart 组件包含的属性对象，具有值、类型和某些其他特性。属性值由 Code Behind 来控制 Smart 组件的行为。动态属性由 DynamicProperty 类表示
Property Binding	将一个属性的值连接到另一个属性的值。属性绑定由 PropertyBinding 类表示
Property Attributes	包含有关动态属性的附加信息的键值对（Key-Value part），如值约束，以及在 RobotStudio 用户界面中可视化该属性的提示。可以使用的属性附加信息可以从 KnownAttributeKey 结构体中获取（见图 4-24）

续表

术　语	描　述
I/O Signal	Smart 组件包含的 I/O 对象，具有值、类型和方向（输入/输出），类似于机器人控制器上的输入输出信号。Code Behind 使用 I/O Value 控制 Smart 组件的行为
I/O Connection	将 Smart 组件的一个信号值连接到另一个 Smart 组件的信号

Name	Description
AddToDisplayName	Indicates that the value of the property should be added to the DisplayName of the parent component.
AllowedCharacters	Indicates the allowed characters in a string property.
AllowedTypes	Indicates additional restrictions on the allowed type.
AllowedValues	Indicates the allowed values for a numeric or string property. Value must be a list delimited by semicolons.
AllowParent	Indicates that the component that owns the property is a valid value (by default it is not).
AutoApply	Indicates that the property value should be applied immediately when it is changed in the GUI, rather than when the user clicks "Apply" or equivalent.
CustomValidation	Indicates that QueryPropertyValueValid() should be called to validate the value.
DisplayValues	Indicates alternative display values for a property. Value must be a list delimited by semicolons with the same number of elements as the AllowedValues attribute.
MaxLength	Indicates the maximum length of a string property. Value must be an integer.
MaxValue	Indicates the maximum value for a numeric property. Value must be a number.
MinLength	Indicates the minimum length of a string property. Value must be an integer.
MinValue	Indicates the minium value for a numeric property. Value must be a number.
Multiline	Indicates that a string property can have multiple lines.
Quantity	Indicates the quantity that a numeric property represents.
Reference	Indicates the reference coordinate system of a Vector3 or Matrix4 property. Valid values are Global and Local.
Slider	Indicates that a numeric property should be displayed as a slider.
ValueFilter	Specifies a regular expression used to verify the property value (converted to a string).
VectorUsage	Indicates the usage of a Vector3 property. Valid values are Position and Direction.

图 4-24　KnownAttributeKey

例如，要实现如图 4-21 所示的效果，可以在 SmartComponent1.xml 中修改 IOSignal name（信号名称）为 "MySignal"。由于此处不需要显示属性，因此可以将图 4-25 中标注的 Properties 内容删去。

```
</lc:DocumentProperties>
<SmartComponent name="SmartComponent1" icon="SmartComponent1.png"
        codeBehind="SmartComponent1.CodeBehind,SmartComponent1.dll"
        canBeSimulated="false">
    <Properties>
        <DynamicProperty name="SampleProperty" valueType="System.Double" value="10">
            <Attribute key="MinValue" value="0"/>
            <Attribute key="Quantity" value="Length"/>
        </DynamicProperty>
    </Properties>
    <Bindings>
    </Bindings>
    <Signals>
        <IOSignal name="MySignal" signalType="DigitalInput" />
    </Signals>
    <GraphicComponents>
    </GraphicComponents>
    <Assets>
        <Asset source="SmartComponent1.dll"/>
    </Assets>
</SmartComponent>
</lc:Library>
```

图 4-25　修改信号名称

CodeBehind.cs 中有两个重要函数，即 OnPropertyValueChanged( )和 OnIOSignalValueChanged( )。当 Smart 组件的某个 Property（属性）值被改变时，会触发响应函数 OnPropertyValueChanged( )；当 Smart 组件的某个 Signal（信号）值被改变时，会触发响应函数 OnIOSignalValueChanged( )。

如代码 4-17 所示，在 OnIOSignalValueChanged( )函数中添加 Logger 输出代码。

代码 4-17

```
public override void OnIOSignalValueChanged(SmartComponent component, IOSignal changedSignal)
    {
        if (changedSignal.Name == "MySignal")
        {
            Logger.AddMessage(new LogMessage("信号 MySignal 当前值为 "+changedSignal.Value.ToString()));
        }
    }
```

编写以上代码，单击 Visual Studio 中的"生成解决方案（B）"菜单后，程序会自动在项目所在的文件夹内生成 SmartComponent1.rslib，即为制作好的 Smart 组件。

打开 RobotStudio，单击"基本"-"导入模型库"-"浏览库文件"，将制作好的 Smart 组件添加至工作站（见图 4-26）。此时若弹出如图 4-27 所示的提示，单击"是"按钮即可。

图 4-26　导入 Smart 组件

图 4-27　单击"是"按钮

对 Smart 组件进行测试，单击"信号"，改变信号的值。此时，在 RobotStudio 的输出栏中输出 Logger 信息，如图 4-28 所示。

图 4-28　在 RobotStudio 的输出栏中输出 Logger 信息

4.4.2　修改 Properties 制作一个加法器

4.4.1 小节介绍了通过触发 Smart 组件信号变化输出 Logger 信息的实现方法。对于要实现如图 4-29 所示的 Smart 组件"加法器"并输出 Logger 信息，则要对 CodeBehind.cs 代码中的 OnPropertyValueChanged( )函数进行修改。

图 4-29　Smart 组件"加法器"

为制作如图 4-29 所示效果的界面，需要增加 3 个 DynamicProperty（动态属性）和一个 I/O 信号（用于触发计算）。如图 4-30 所示，修改 SmartComponent1.xml 中的内容，由于输出（Output）为输出结果，所以将其 readOnly 属性设为置 True；Calculate 作为一个计算按钮，务必保持 0 和 1 的状态，故将其 autoReset 属性设为置 True。同时，修改 SmartComponent1.en.xml 文件中的内容，如图 4-31 所示。

```
</ic:DocumentProperties>
<SmartComponent name="SmartComponent1" icon="SmartComponent1.png"
                codeBehind="SmartComponent1.CodeBehind,SmartComponent1.dll"
                canBeSimulated="false">
  <Properties>
    <DynamicProperty name="InputA" valueType="System.Double" value="0.0">
    </DynamicProperty>
    <DynamicProperty name="InputB" valueType="System.Double" value="0.0">
    </DynamicProperty>
    <DynamicProperty name="Output" valueType="System.Double" value="0.0" readOnly="true">
    </DynamicProperty>
  </Properties>
  <Bindings>
  </Bindings>
  <Signals>
    <IOSignal name="Calculate" signalType="DigitalInput" autoReset="true" />
  </Signals>
  <GraphicComponents>
  </GraphicComponents>
```

图 4-30　修改 SmartComponent1.xml 文件中的内容

```
                    xsi:schemaLocation="urn:abb-robotics-robotstudio-lib
  <SmartComponent name="SmartComponent1" description="Sample Componen
    <DynamicProperty name="InputA" description=" "/>
    <DynamicProperty name="InputB" description=" "/>
    <DynamicProperty name="Output" description=" "/>
    <IOSignal name="Calculate" description="Calculate ADD"/>
  </SmartComponent>
</LibraryResource>
```

图 4-31　修改 SmartComponent1.en.xml 文件中的内容

在 RobotStudio 中修改 Smart 组件的 InputA 和 InputB 属性时（实际使用时，修改数据按回车键),CodeBehind 会自动触发 OnPropertyValueChanged( )函数,可以在该函数中将最新的 InputA 和 InputB 属性记录。单击"Calculate"按钮时,会触发 OnIOSignalValueChanged( )函数,可以在其中完成加法运算并改写 Output 的属性,具体实现如代码 4-18 所示。

代码 4-18

```
string a1;
string a2;
public override void OnPropertyValueChanged(SmartComponent component, DynamicProperty changedProperty, Object oldValue)
        {
            switch (changedProperty.Name)
            //根据改变属性的 Name 判断
            {
                case "InputA":
                    a1 = changedProperty.Value.ToString();
                    //如果是 InputA 的属性改变,记录值到 a1
                    Logger.AddMessage(new LogMessage(changedProperty.Name + "  " + changedProperty.Value.ToString()));
                    //输出 Logger 信息,如 InputA 1
                    break;
                case "InputB":
                    a2 = changedProperty.Value.ToString();
                    //如果是 InputA 的属性改变,记录值到 a2
                    Logger.AddMessage(new LogMessage(changedProperty.Name + "  " + changedProperty.Value.ToString()));
                    break;
                default:
                    break;
            }
        }
public override void OnIOSignalValueChanged(SmartComponent component, IOSignal changedSignal)
 {
   if ((changedSignal.Name == "Calculate")&&((int)changedSignal.Value==1))
        //如果信号名是 Calculate,且信号值为 1(仅响应上升沿)
        //则 Calculate 信号被设置为 autoReset,即单击过一次后自动复位
        //单击一次,信号从 0 变为 1,触发一次该函数
        //复位一次,信号从 1 变为 0,再次触发一次该函数
        //避免响应两次
   {
   component.Properties["Output"].Value = Convert.ToDouble(a1) + Convert.ToDouble(a2);
   Logger.AddMessage(new LogMessage("InputA+InputB="+ component.Properties["Output"].Value.ToString()));
    }
 }
```

编写以上代码,单击 Visual Studio 中的"生成解决方案(B)"菜单后,程序会自动在项目所在的文件夹内生成 SmartComponent1.rslib,即为制作好的 Smart 组件。

打开 RobotStudio,单击"基本"-"导入模型库"-"浏览库文件",将制作好的 Smart 组件添加至工作站。此时可以对 Smart 组件进行测试,即修改 InputA 的值,输出栏会显示

"InputA newvalue";单击"Calculate"按钮,会自动计算InputA + InputB的值并显示在Output。"输出栏也有相应的Logger信息输出,如图4-32所示。

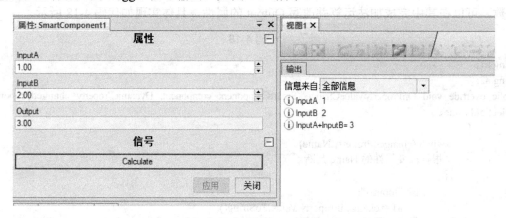

图4-32 显示信号的当前值

第 5 章 基于 Robot Web Services 的二次开发

5.1 Robot Web Services 简介

Robot Web Services（下文简称 RWS）是基于 HTTP 协议、符合 RESTful API 接口的集合。其中，HTTP 的基础是 URL、请求方法和响应。

统一资源定位符（Uniform Resource Locator，URL）是我们俗称的网址（如 www.abb.com），或者是对一个机器人 I/O 信号的状态显示（如 127.0.0.1/rw/iosystem/signals/DO1）。在表述性状态传递（Representational State Transfer，REST）中，使用 URL 来描述数据资源。

可扩展标记语言（Extensible Markup Language，XML）是一种用于标记电子文件使其具有结构性的标记语言，其是标准通用标记语言的子集。早在 1998 年，W3C 就发布了 XML 1.0 规范，使用它来简化 Internet 的文档信息传输。例如，XML 格式的数据如图 5-1 所示。

```xml
<?xml version="1.0" encoding="utf-8"?>
<manifest xmlns:android="http://schemas.android.com/apk/res/android"
    package="osg.AndroidExample"
    android:installLocation="preferExternal"
    android:versionCode="1"
    android:versionName="1.0">
    <uses-sdk android:targetSdkVersion="8" android:minSdkVersion="8"></uses-sdk>
    <uses-feature android:glEsVersion="0x00020000"/> <!-- OpenGL min requierements (2.0) -->
    <uses-permission android:name="android.permission.INTERNET"/>

    <application android:label="@string/app_name" android:icon="@drawable/osg">
        <activity android:name=".osgViewer"
            android:label="@string/app_name" android:screenOrientation="landscape"> <!-- Force
            <intent-filter>
                <action android:name="android.intent.action.MAIN" />
                <category android:name="android.intent.category.LAUNCHER" />
            </intent-filter>
        </activity>

    </application>
</manifest>
```

图 5-1 XML 格式的数据

JS 对象简谱（JavaScript Object Notation，JSON）是一种轻量级的数据交换格式，它是基于 ECMAScript（欧洲计算机协会制定的 JS 规范）的一个子集，采用完全独立于编程语言的文本格式来存储和表示数据。简洁和清晰的层次结构使得 JSON 成为理想的数据交换语言，其易于人阅读和编写，同时也易于机器解析和生成，有效地提升了网络的传输效率。

JSON 格式中有 6 个构造字符，如表 5-1 所示。例如，JSON 格式的数据如图 5-2 所示。

表 5-1 JSON 格式中的构造字符

符 号	功 能
{ 左大括号	Object 开始
} 右大括号	Object 结束

续表

符　　号	功　　能
[左方括号	数组开始
] 右方括号	数组结束
: 冒号	名字分隔符
, 逗号	值分隔符

```
 1  {
 2      "_links": {
 3          "base": {
 4              "href": "http://127.0.0.1:80/rw/system/"
 5          }
 6      },
 7      "_embedded": {
 8          "_state": [{
 9              "_type": "sys-system-li",
10              "_title": "system",
11              "name": "26_608",
12              "rwversion": "6.08.1040",
13              "sysid": "{D32A3AB1-490A-4F06-B558-5D30BFA03D86}",
14              "starttm": "2020-07-07 T 09:27:54",
15              "rwversionname": "6.08.01.00"
16          }, {
17              "_type": "sys-options-li",
18              "_title": "options",
19              "_links": {
20                  "self": {
21                      "href": "options?json=1"
22                  }
23              },
24              "options": [{
25                  "_type": "sys-option-li",
26                  "_title": "0",
27                  "option": "RobotWare Base"
28              }, {
29                  "_type": "sys-option-li",
30                  "_title": "1",
31                  "option": "English"
32              }, {
```

图 5-2　JSON 格式的数据

在 RWS 中，通常通过 URL 向机器人控制器请求数据，机器人控制器响应请求并返回的数据格式可以是 XML 格式，也可以是 JSON 格式。

1 个 URL 可以包含多个查询参数，通过"?"符号标识。在 RWS 中，大多数的数据资源都支持以下两个查询参数：

● json=1（返回 JSON 格式的数据。默认返回 XML 格式）；

● debug=1（返回更多的信息，便于调试）。

例如，URL"127.0.0.1/rw/iosystem?json=1"就是向机器人控制器请求返回 JSON 格式的数据。

HTTP 的请求方法指定了该对数据资源做何种操作。每一个资源都支持一个或多个请求方法。HTTP 有一些预定义的请求方法，最常用的几个请求方法如表 5-2 所示。

表 5-2　HTTP 最常用的几个请求方法

请 求 方 法	作　　用
GET	获取数据资源
PUT	创建数据资源

续表

请 求 方 法	作　　用
POST	更新数据资源
DELETE	删除数据资源

GET 方法不会改变数据资源，而 PUT、POST 及 DELETE 方法会改变数据资源。任何可以作为 HTTP 客户端编程的编程语言都可以使用 RWS 的 Web 接口，接口返回的 XML 格式或 JSON 格式的数据可以使用标准的 XML/JSON 解析算法解析。检测 RWS 的接口最简单可用的方法就是使用网页浏览器，即在地址栏中输入机器人控制器的 IP 地址。也可以使用其他的"REST 客户端"，如 cURL 和 Postman。

客户端不需要轮询数据资源的状态更改，状态的更改可以作为事件发送给客户端。RWS 支持 Websockets 协议。客户端需要首先订阅状态更改，这样之后更改的信息才会通过 Websockets 自动发送给订阅方。

1. RWS 的优势

- 编程语言不限，如 C#、JAVA、JavaScript、Python 等。
- 操作系统不限，如 Windows、IOS、Android 等。

2. RWS 的官方链接

- https://developercenter.RobotStudio.com/webservice。

3. RWS 的接口集合

RWS 包含一系列与 ABB 工业机器人相关的接口，如图 5-3 所示。

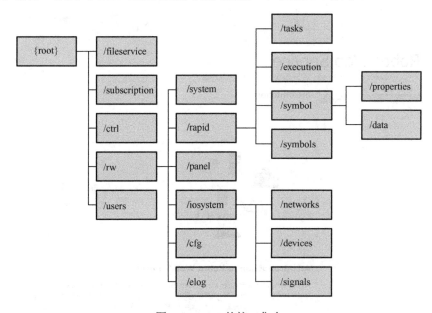

图 5-3　RWS 的接口集合

- fileservice：提供对文件或文件夹的远程访问，处理文件或文件夹的传送、新建、删除及重命名（类似于 FTP 服务）。
- subscription：处理数据资源的订阅，当订阅的数据资源发生更新时，使用"WebSockets"协议发送事件。
- ctrl：处理机器人控制器的相关功能，如访问机器人控制器的时钟和系统备份等。
- users：处理已连接客户端的注册。
- rw：处理 RobotWare 的相关服务，如 I/O 信号、RAPID 程序和事件日志等。

4．RWS 的接口文档

如图 5-4 所示为 RWS 的 API 在线帮助文档的入口，进入 RWS 链接 https://developercenter.RobotStudio.com/webservice，单击"Robot Web Services 1.0 API Reference"，弹出如图 5-5 所示的界面，其为 RWS 的 API 在线帮助文档，即 RWS 所有接口的说明文档。

图 5-4　RWS 的 API 在线帮助文档的入口

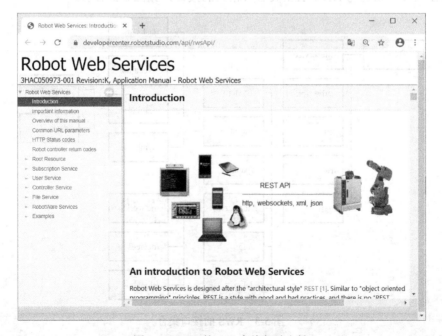

图 5-5　RWS 的 API 在线帮助文档

5. 使用 RWS 的准备

- 机器人配备有"PC Interface"选项（仿真时或者 PC 通过 Service Port 连接真实机器人时不需要该选项）。
- 确保客户端（PC 机或智能手机）与机器人控制器处于同一局域网内（网线直连或通过交换机和路由器连接）。

本章讲解的内容均基于 Robot Web Services 1.0 版本。

5.2 读取机器人系统的信息

本小节将介绍如何利用 RWS 在网页浏览器（如 Chrome）中读取机器人系统的相关信息。

5.2.1 API 接口查找

读取机器人系统相关信息的 API 位于"RobotWare Services"–"System service"–"System Information"中，从右边的帮助内容中可以看到对应的 URL 为"/rw/system"，如图 5-6 所示。

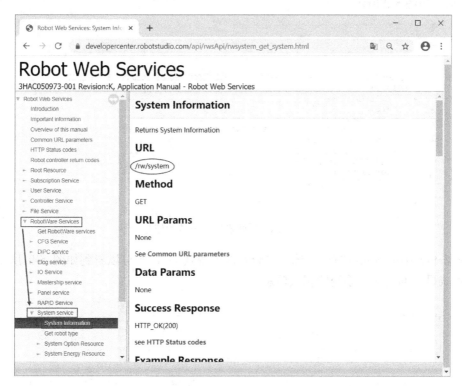

图 5-6 System Information

5.2.2 URL 读取

在浏览器中输入"{机器人控制柜的 IP 地址}/rw/system"，其中"{机器人控制柜的 IP 地址}"为同一局域网内的机器人 IP 地址。由于本小节将以虚拟机器人作为演示案例，所以机器人的 IP 地址为本机的 IP 地址，即 "127.0.0.1"。

在浏览器的地址栏中输入 "http://127.0.0.1/rw/system" 并按回车键，用户名为 "Default User"，密码为 "robotics"，单击 "登录" 按钮，如图 5-7 所示。

图 5-7 登录机器人控制器

弹出的网页中显示了机器人系统的名称、RobotWare 的版本、机器人选项和机器人型号等信息，如图 5-8 所示。

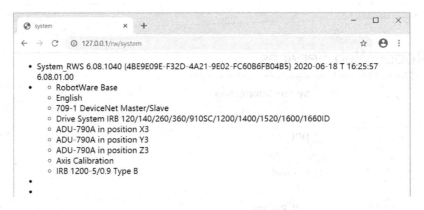

图 5-8 Web 返回机器人系统的信息

在图 5-9 中单击鼠标右键，选择 "查看网页源代码"，则可以看到如图 5-9 所示的以 XML 格式显示的机器人系统的相关信息。

图 5-9 以 XML 格式显示的机器人系统的相关信息

若在前文输入的 URL 链接后加上"?json=1",即"http://127.0.0.1/rw/system?json=1",则网页返回的数据为 JSON 格式的数据,如图 5-10 所示。

图 5-10　以 JSON 格式显示的机器人系统的相关信息

5.2.3　网页交互式读取

5.2.2 小节通过直接输入 RWS 的 URL 方法可以获得从机器人控制柜返回的原始数据。若希望对原始数据进行解析整理,为了更美观地显示给用户,则可以用网页的脚本语言 JavaScript 对接收到的 JSON 格式的原始数据进行解析。将图 5-10 返回的 JSON 格式的数据格式化显示,具体实现如代码 5-1 所示。

代码 5-1

```
{
    "_links": {
        "base": {
            "href": "http://127.0.0.1:80/rw/system/"
        }
    },
    "_embedded": {
        "_state": [{
            "_type": "sys-system-li",
            "_title": "system",
            "name": "26_608",
            "rwversion": "6.08.1040",
            "sysid": "{D32A3AB1-490A-4F06-B558-5D30BFA03D86}",
            "starttm": "2020-07-07 T 09:27:54",
            "rwversionname": "6.08.01.00"
        }, {
            "_type": "sys-options-li",
            "_title": "options",
            "_links": {
                "self": {
                    "href": "options?json=1"
                }
            },
            "options": [{
                "_type": "sys-option-li",
                "_title": "0",
```

```
            "option": "RobotWare Base"
        }, {
            "_type": "sys-option-li",
            "_title": "1",
            "option": "English"
        }, {
            "_type": "sys-option-li",
            "_title": "2",
            "option": "709-1 DeviceNet Master/Slave"
        }, {
            "_type": "sys-option-li",
            "_title": "3",
            "option": "888-2 PROFINET Controller/Device"
        }, {
            "_type": "sys-option-li",
            "_title": "4",
            "option": "616-1 PC Interface"
        }, {
            "_type": "sys-option-li",
            "_title": "5",
            "option": "608-1 World Zones"
        }, {
            "_type": "sys-option-li",
            "_title": "6",
            "option": "617-1 FlexPendant Interface"
        }, {
            "_type": "sys-option-li",
            "_title": "7",
            "option": "841-1 EtherNet/IP Scanner/Adapter"
        }, {
            "_type": "sys-option-li",
            "_title": "8",
            "option": "623-1 Multitasking"
        }, {
            "_type": "sys-option-li",
            "_title": "9",
            "option": "840-2 PROFIBUS Anybus Device"
        }, {
            "_type": "sys-option-li",
            "_title": "10",
            "option": "Drive System IRB 2600/4400/6400R"
        }, {
            "_type": "sys-option-li",
            "_title": "11",
            "option": "ADU-790A in position X3"
        }, {
            "_type": "sys-option-li",
            "_title": "12",
            "option": "ADU-790A in position Y3"
        }, {
            "_type": "sys-option-li",
            "_title": "13",
```

```
                "option": "ADU-790A in position Z3"
            }, {
                "_type": "sys-option-li",
                "_title": "14",
                "option": "IRB 2600-12/1.65 Type C"
            }, {
                "_type": "sys-option-li",
                "_title": "15",
                "option": "Axis Calibration"
            }]
        }, {
            "_type": "sys-license-li",
            "_title": "license",
            "self": {
                "href": "license?json=1"
            }
        }]
    }
}
```

本小节将在网页中制作一个按钮，当单击该按钮时，会解析 RWS 返回的数据，并在网页中显示机器人系统的相关信息，具体实现步骤如下所示。

（1）打开记事本，输入如代码 5-2 所示的 HTML 代码，并且另存为 "HelloControllerHtml.html"。

代码 5-2

```html
<!DOCTYPE html>
<html>
<head>
<script>
function getRWServiceResource()
{
    var rwServiceResource = new XMLHttpRequest();
    //当收到数据时，调用该函数
    rwServiceResource.onreadystatechange = function()
    {
        if (rwServiceResource.readyState == 4 && rwServiceResource.status == 200)
        {
            var obj = JSON.parse(rwServiceResource.responseText);
            //转化为 JS 对象
            var service = obj._embedded._state[0];
            // obj._embedded._state[0]包括
            //"_type": "sys-system-li",
            //"_title": "system",
            //"name": "26_608",
//"rwversion": "6.08.1040",
//"sysid": "{D32A3AB1-490A-4F06-B558-5D30BFA03D86}",
//"starttm": "2020-07-07 T 09:27:54",
//"rwversionname": "6.08.01.00"
            document.getElementById("name").innerHTML = "service=" + service.name;
            //在 div 名字为 "name" 处显示 service=xxx
```

```
            document.getElementById("version").innerHTML = "version=" + service.rwversion;
            document.getElementById("versionname").innerHTML = "versionname=" + service.rwversionname;

            var index;
            for(index = 0; index < obj._embedded._state[1].options.length; index++)
            {
                var option = obj._embedded._state[1].options[index];
                var liNode = document.createElement("li");
                var optNode = document.createTextNode("option=" + option.option);
                liNode.appendChild(optNode);
                document.getElementById("options").appendChild(liNode);
            }
        }
    }
    // 获取数据
    rwServiceResource.open("GET","/rw/system?json=1",true);
    rwServiceResource.send();
}
</script>
</head>
<body>
<button type="button" onclick="getRWServiceResource()">Get RW Service</button>
//创建按钮，单击按钮时触发 getRWServiceResource()函数
<div id="name"></div>
<div id="version"></div>
<div id="versionname"></div>
<div id="options"></div>
 </body>
</html>
```

（2）在机器人的 HOME 文件夹内新建一个名字为"docs"的文件夹，将上一步的 HelloControllerHtml.html 文件放入该文件夹内，如图 5-11 所示。通过外界访问的网页主入口必须放在机器人 Home 文件夹下的 docs 文件夹内。

图 5-11 将 HelloControllerHtml.html 文件放入机器人的 docs 文件夹内

（3）计算机连接机器人。如果连接控制柜的 Service 端口（固定 IP 为 192.168.125.1），则在浏览器中输入"http://192.168.125.1/docs/HelloControllerHtml.html"；如果连接的是本机计算机的虚拟控制器，则在浏览器中输入"http://127.0.0.1/docs/HelloControllerHtml.html"。

（4）若弹出登录窗口，则填写完用户名"Default User"和密码"robotics"后单击"登录"按钮。

（5）单击"Get RW Service"按钮，则可以看到如图 5-12 所示的解析并且整理过的数据。

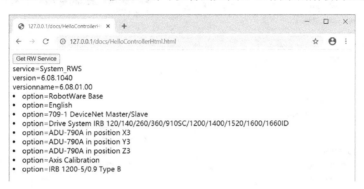

图 5-12　解析并且整理过的数据

5.2.4　基于 C#的客户端读取

向"http://127.0.0.1/rw/system?json=1"提交数据后，RWS 返回对应机器人信息的 JSON 格式数据。5.2.3 小节介绍了如何在网页端通过自己编写的 JavaScript 对返回数据进行解析并将其显示，其实也可在 C#或其他平台向机器人 RWS 对应地址提交数据并获得返回数据。例如，如图 5-13 所示的在 C#端获取机器人系统的相关信息。

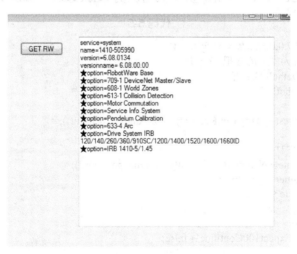

图 5-13　在 C#端获取机器人系统的相关信息

在 Visual Studio 的 C#中创建 Button 和 TextBox 控件，如图 5-13 所示。

由于在 C#中收到的数据格式为 JSON 格式，所以为方便处理 JSON 格式的数据，可以在程序中添加 JSON 的相关引用，具体操作过程如图 5-14 所示，单击"工具"-"NuGet 程序包管理器"-"程序包管理器控制台（O）"，并在控制台中输入如代码 5-3 所示的代码。

代码 5-3

```
PM> Install-Package Microsoft.AspNet.WebApi.Client -Version 5.1.2
PM> Install-Package System.Json -Version 4.0.20126.16343
```

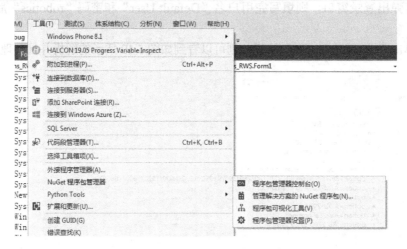

图 5-14　NuGet 程序包管理器

要在 C#中解析 JSON 格式的数据，需要在 C#代码的最上方添加代码 5-4 中所示的引用。

代码 5-4

```csharp
using System.Net;
using System.Net.Http;
using System.Json;
```

在 C#中创建"GET RW"按钮，并在其对应的 Click 事件中添加代码 5-5。

代码 5-5

```csharp
string url = "http://127.0.0.1/rw/system?json=1";
//提交的地址，此处为本机的虚拟 IP 地址
string username = "Default User";
string password = "robotics";

HttpWebRequest request = (HttpWebRequest)WebRequest.Create(url);

request.Method = "GET";
request.Credentials = new NetworkCredential(username, password);
request.CookieContainer = _cookies;
request.PreAuthenticate = true;
request.Proxy = null;
request.Timeout = 60;
request.ServicePoint.Expect100Continue = false;

WebResponse response = request.GetResponse();
//提交数据
if (response != null)
{
    using (StreamReader reader = new StreamReader(response.GetResponseStream()))
    {
        string result = reader.ReadToEnd();
```

```
            dynamic obj = Newtonsoft.Json.JsonConvert.DeserializeObject(result);
            // 显示 controller name、version 和 version name
            var service = obj._embedded._state[0];
        // 在 embedded._state[0]中包含 system name、robotware version 和 robotware version name
            textBox7.Text = "service=" + service._title + "\r\n";
            textBox7.Text = textBox7.Text + "name=" + service.name + "\r\n";
            textBox7.Text = textBox7.Text + "version=" + service.rwversion + "\r\n";
            textBox7.Text = textBox7.Text + "versionname= " + service.rwversionname + "\r\n";
            // 显示所有选项
            foreach (var option in obj._embedded._state[1].options)
            // 第二个 item 是所有选项的数组
            {
                textBox7.Text = textBox7.Text + "★option=" + option.option + "\r\n";
                //显示所有选项
            }
        }
    }
```

运行上述代码后，单击"GETRW"按钮即可在 TextBox 内看到机器人系统的相关信息，如图 5-13 所示。

若向"http://127.0.0.1/rw/system"提交数据，则返回的数据格式为 XML 格式，如 5.1.1 小节中所述。对于 XML 中的 Nodes 等信息，可以在浏览器中单击键盘中的"F12"键查看对应信息，如图 5-15 所示。

```html
<html xmlns="http://www.w3.org/1999/xhtml">
▶ <head>…</head>
▼ <body>
    ▼ <div class="state">
        <a href="" rel="self"></a>
        ▼ <ul>
            ▼ <li class="sys-system-li" title="system">
                <span class="name">26_608</span>
                <span class="rwversion">6.08.1040</span>
                <span class="sysid">{D32A3AB1-490A-4F06-B558-5D30BFA03D86}</span>
                <span class="starttm">2020-07-14 T 22:09:35</span>
                <span class="rwversionname">6.08.01.00</span>
            </li>
            ▼ <li class="sys-options-li" title="options">
                <a href="options" rel="self"></a>
                ▼ <ul>
                    ▶ <li class="sys-option-li" title="0">…</li>
                    ▶ <li class="sys-option-li" title="1">…</li>
                    ▶ <li class="sys-option-li" title="2">…</li>
                    ▶ <li class="sys-option-li" title="3">…</li>
                    ▶ <li class="sys-option-li" title="4">…</li>
                    ▶ <li class="sys-option-li" title="5">…</li>
                    ▶ <li class="sys-option-li" title="6">…</li>
                    ▶ <li class="sys-option-li" title="7">…</li>
                    ▶ <li class="sys-option-li" title="8">…</li>
                    ▶ <li class="sys-option-li" title="9">…</li>
                    ▶ <li class="sys-option-li" title="10">…</li>
                    ▶ <li class="sys-option-li" title="11">…</li>
                    ▶ <li class="sys-option-li" title="12">…</li>
                    ▶ <li class="sys-option-li" title="13">…</li>
                    ▶ <li class="sys-option-li" title="14">…</li>
                    ▶ <li class="sys-option-li" title="15">…</li>
                </ul>
            </li>
            ▶ <li class="sys-energy-li" title="energy">…</li>
            ▶ <li class="sys-license-li" title="license">…</li>
        </ul>
    </div>
</body>
</html>
```

图 5-15　XML 中的 Nodes 等信息

若在 C#中需要对 XML 格式的数据进行解析,需要在代码的最上方添加代码 5-6 中所示的引用。

代码 5-6

```
using System.Xml;
```

对于返回 XML 格式的数据,可以采用如代码 5-7 所示的方法处理并显示。

代码 5-7

```csharp
private CookieContainer _cookies = new CookieContainer();
private NetworkCredential _credentials = new NetworkCredential("Default User", "robotics");
private void button1_Click(object sender, EventArgs e)
{
    Stream xml = GetSystemResource("http://127.0.0.1");
    // 获取系统资源
    DisplayData(xml);
    // 显示系统信息
    xml.Close();
    // 关闭 stream
}
Stream GetSystemResource(string host)
{
    HttpWebRequest request = (HttpWebRequest)WebRequest.Create(new Uri(host + "/rw/system"));
    //完整的地址为 http://127.0.0.1/rw/system
    request.Credentials = _credentials;
    request.Proxy = null;
    request.Method = "GET";
    request.CookieContainer = _cookies;
    HttpWebResponse response = (HttpWebResponse)request.GetResponse();
    return response.GetResponseStream();
}
void DisplayData(Stream xmldata)
{
    XmlDocument doc = new XmlDocument();
    doc.Load(xmldata);
    //创建一个 XmlNamespaceManager
    XmlNamespaceManager nsmgr = new XmlNamespaceManager(doc.NameTable);
    nsmgr.AddNamespace("ns", "http://www.w3.org/1999/xhtml");
    //使用 XPath 获得 Nodes
    //获得 sys-system-li
    XmlNodeList sysNodes = doc.SelectNodes("//ns:li[@class='sys-system-li']", nsmgr);
    foreach (XmlNode sysNode in sysNodes)
    {
        XmlNode systemNameNode = sysNode.SelectSingleNode("ns:span[@class='name']", nsmgr);
        XmlNode systemVersionNode = sysNode.SelectSingleNode("ns:span[@class='rwversion']", nsmgr);
        XmlNode systemVersionNameNode = sysNode.SelectSingleNode("ns:span[@class= 'rwversionname']", nsmgr);
        textBox1.Text = "system=" + systemNameNode.InnerText.ToString() + "\r\n";
```

```
        //显示系统信息
        textBox1.Text = textBox1.Text + "version=" + systemVersionNode.InnerText.ToString() + "\r\n";
        //显示版本
        textBox1.Text = textBox1.Text + "versionname=" + systemVersionNameNode.InnerText.ToString() + "\r\n";
        //显示版本名字
    }
    // 从 stream 中获取 options
    // 获取所有的 sys-option-li
    XmlNodeList optionNodes = doc.SelectNodes("//ns:li[@class='sys-option-li']", nsmgr);
    foreach (XmlNode optNode in optionNodes)
    {
        XmlNode systemOptionNode = optNode.SelectSingleNode("ns:span[@class='option']", nsmgr);
        textBox1.AppendText("☆ option=" + systemOptionNode.InnerText.ToString() + "\r\n");
    }
}
```

运行以上代码后，单击"获取系统信息"按钮，可以得到如图 5-16 所示的效果。

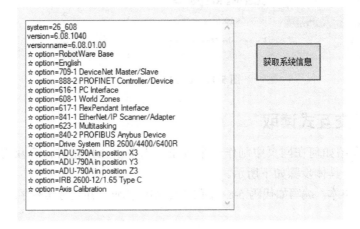

图 5-16　在 C#中解析 XML 格式的数据

5.3　读取机器人关节数据

5.3.1　API 接口查找

机器人关节数据对应的 API 介绍位于"RobotWare Services"-"Motion System"-"Operations on Mechunits"-"Operations on Mechunit"-"Get Joint target"中，从右边的帮助内容中可以看到对应的 URL 为"/rw/motionsystem/mechunits/{mechunit}/jointtarget"，如图 5-17 所示。URL 中的{mechunit}处填写机械单元名称，如 ROB_1。

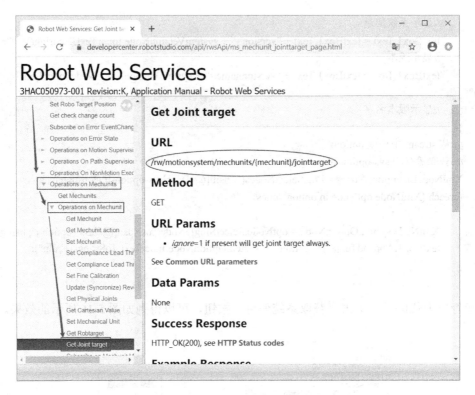

图 5-17　Get Joint target

5.3.2　网页交互式读取

本小节将介绍如何在网页中制作一个按钮，当单击该按钮时，会获得机器人当前的 6 个关节轴数据，具体步骤如下所示。

（1）打开记事本，编写如代码 5-8 所示的 HTML 代码，并且将其另存为 "GetRobotJoint.html"。

代码 5-8

```
<!DOCTYPE html>
<html>
<head>
    <script>
        function getRobotJoint() {
            var rwServiceResource = new XMLHttpRequest();
            // function is called when data has been received
            rwServiceResource.onreadystatechange = function () {

                if (rwServiceResource.readyState == 4 && rwServiceResource.status == 200) {
                    var obj = JSON.parse(rwServiceResource.responseText);
                    rwServiceResource.responseText;
                    var service = obj._embedded._state[0];
                    //解析 JSON 格式的数据
document.getElementById("rax_1").innerHTML = "rax_1=" + (service.rax_1 * 1).toFixed(2);
                    //将数据中的 rax_1 字符串转化为数字并截取两位
document.getElementById("rax_2").innerHTML = "rax_2=" + (service.rax_2 * 1).toFixed(2);
```

```
        document.getElementById("rax_3").innerHTML = "rax_3=" + (service.rax_3 * 1).toFixed(2);
        document.getElementById("rax_4").innerHTML = "rax_4=" + (service.rax_4 * 1).toFixed(2);
        document.getElementById("rax_5").innerHTML = "rax_5=" + (service.rax_5 * 1).toFixed(2);
        document.getElementById("rax_6").innerHTML = "rax_6=" + (service.rax_6 * 1).toFixed(2);
            }
        }
        rwServiceResource.open("GET", "/rw/motionsystem/mechunits/ROB_1/jointtarget?json=1", true, "Default User", "robotics");
        rwServiceResource.send();
    }
</script>
</head>
<body>
    <button type="button" onclick="getRobotJoint()">点击获取当前机器人位置</button>
    <div id="rax_1"></div>
    <div id="rax_2"></div>
    <div id="rax_3"></div>
    <div id="rax_4"></div>
    <div id="rax_5"></div>
    <div id="rax_6"></div>
</body>
</html>
```

（2）将步骤（1）中编写的 GetRobotJoint.html 文件放入机器人的 HOME/docs 文件夹内，如图 5-18 所示。

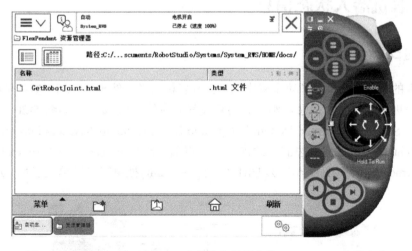

图 5-18　将 GetRobotJoint.html 文件放入机器人的 HOME/docs 文件夹内

（3）计算机连接机器人。如果连接控制柜的 Service 端口（固定 IP 为 192.168.125.1），则在浏览器中输入"http://192.168.125.1/docs/GetRobotJoint.html"；如果连接本机计算机的虚拟控制器，则在浏览器中输入"http://127.0.0.1/docs/ GetRobotJoint.html"。

（4）若弹出登录窗口，则填写完用户名"Default User"和密码"robotics"后单击"登录"按钮。

（5）单击"点击获取当前机器人位置"按钮，则可以看到机器人当前的 6 个关节数据，如图 5-19 所示。

图 5-19　通过网页获取当前机器人各轴的位置

（6）若希望实时自动刷新机器人当前的位置（如 1s 刷新一次），则可以在 HTML 文件的 Script 中加入代码 5-9，即每间隔 1s 触发一次获取当前位置的函数。

代码 5-9

```
var i=1;
setInterval("getRobotJoint()", 1000);
```

5.4　读取机器人状态信息

5.4.1　API 接口查找

机器人的 Jog 信息包括"动作模式"、"工具坐标"、"工件坐标"和"参考坐标系"等。若希望获得机器人的 Jog 信息，则首先要查找其对应的 API 接口，如图 5-20 所示，进入"RobotWare Services"-"Motion System"-"Operations on Mechunits"-"Operations on Mechunit"-"Get Mechunit"中，从右边的帮助内容中可以看到对应的 URL 为"/rw/motionsystem/mechunits/{mechunit}"（见图 5-21）。URL 中的{mechunit}处填写机械单元名称，如 ROB_1。

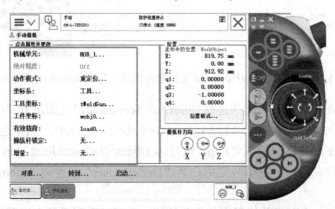

图 5-20　当前机器人的"手动操纵"信息

图 5-21　Get Mechunit

机器人的状态信息包括"操作模式"、"运行速度百分比"和"停止/运行"等，若希望读取机器人的状态信息，则首先要查找其相应的 API 接口，即如图 5-22 所示，进入"RobotWare Services"-"Panel Services"-"Get Panel Resources"中，从右边的帮助内容中可以看到其对应的 URL 为"/rw/panel"。例如，如图 5-23 所示，若希望获得机器人当前的运行速度百分比，则可以在 URL 后添加 speedratio；若希望获得机器人当前的操作模式，则可以在 URL 后添加 opmode；若希望获得机器人当前的状态（MotorOn|MotorOff），则可以在 URL 后添加 ctrlstate；若希望获得机器人当前是否触发碰撞监控，则可以在 URL 后添加 coldetstate。

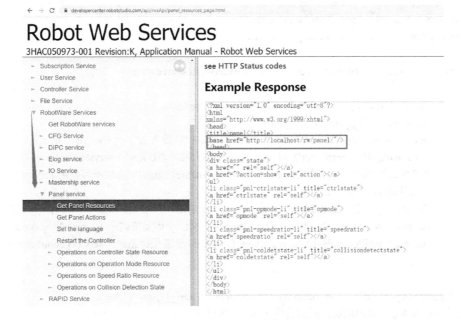

图 5-22　Get Panel 信息

Resources

- **pnl-ctrlstate-li** The controller state resource
- **pnl-opmode-li** The Operation mode resource
- **pnl-speedratio-li** The Speed ratio resource
- **pnl-coldetstate-li** The Colision detection state resource
- ctrlstate = controller state information {motorOn | motorOff}
- opmode = operating mode of the controller {manual | auto}
- speedratio = speedratio in which the controller is operating
- coldetstate = The collision detection states {INIT | TRIGGERED | CONFIRMED | TRIGGERED_ACK}

图 5-23　Panel Resources

5.4.2　网页交互式读取

本小节将介绍如何制作一个网页，当浏览器访问该网页时，自动刷新并显示机器人当前的运行状态，具体步骤如下所示。

（1）打开记事本，编写如代码 5-10 所示的 HTML 代码，并且将其另存为"GetJogStatus.html"。

代码 5-10

```html
<!DOCTYPE html>
<html>
<head>
<script>
var int=self.setInterval("GetJogStatus()",1000);
//定时 1s 触发一次
function GetJogStatus()
{
    var rwServiceResource = new XMLHttpRequest();
    rwServiceResource.onreadystatechange = function()
    {
        if (rwServiceResource.readyState == 4 && rwServiceResource.status == 200)
        {
            var obj = JSON.parse(rwServiceResource.responseText);
            var service = obj._embedded._state[0];
            document.getElementById("name").innerHTML = "机器人名字=" + service._title;
            document.getElementById("tool_name").innerHTML = "工具=" + service['tool-name'];
            //在返回的 JSON 格式的数据中，Key 为 tool-name，带有"-"，故不可使用 service.tool-name
            //采用 service['tool-name']形式
            document.getElementById("wobj_name").innerHTML = "工件坐标系=" + service['wobj-name'];
            document.getElementById("jog_mode").innerHTML = "运动模式=" + service['jog-mode'];
            document.getElementById("coord").innerHTML = "参考坐标系=" + service['coord-system'];
        }
    }
rwServiceResource.open("GET","/rw/motionsystem/mechunits/ROB_1?json=1",true);
//提交获取机器人 Jog 信息的地址，返回的格式为 JSON
    rwServiceResource.send();
}
```

```html
</script>
</head>
<body>
<button type="button" onclick="GetJogStatus()">Get Jog Status</button>
<div id="name"></div>
<div id="tool_name"></div>
<div id="wobj_name"></div>
<div id="jog_mode"></div>
<div id="coord"></div>
</body>
</html>
```

（2）将 GetJogStatus.html 文件放入机器人控制器的 HOME/docs 文件夹内。

（3）计算机连接机器人。如果连接控制柜的 Service 端口（固定 IP 为 192.168.125.1），则在浏览器中输入 "http://192.168.125.1/docs/ GetJogStatus.html"；如果连接的是本机计算机的虚拟控制器，则在浏览器中输入 "http://127.0.0.1/docs/ GetJogStatus.html"。

（4）若弹出登录窗口，则先填写用户名为"Default User"、密码为"robotics"，然后单击"登录"按钮。

（5）网页每秒自动刷新和显示机器人当前的运行状态。也可单击"Get Jog Status"按钮，手动刷新机器人当前的运行状态，如图 5-24 所示。

图 5-24　手动刷新机器人当前的运行状态

5.5　设置机器人输出信号

5.5.1　API 接口查找

设置机器人的输出信号，其对应的 API 介绍位于"RobotWare Services"-"IO Service"-"Operations on IO Signal"-"Update IO Signal Value"中，从右边的帮助内容中可以看到其对应的 URL 为"/rw/iosystem/signals/{network}/{device}/{signal}"，如图 5-25 所示。

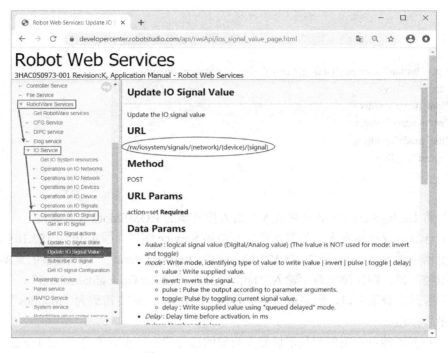

图 5-25　Update IO Signal Value

其中：
- URL 中的 {signal} 处填写信号的名称；
- URL 中的 {device} 处填写信号所属的设备（虚拟信号可省略）；
- URL 中的 {network} 处填写信号所属的设备所在的总线网络（虚拟信号可省略）。

5.5.2　通过网页的按钮设置

本小节将介绍如何在网页中制作两个按钮（设置为 1 和设置为 0），单击"设置为 1"按钮时对信号进行置位，单击"设置为 0"按钮时对信号复位。以下举例通过网页控制机器人系统 d652 板卡下的信号"do1"，具体步骤如下所示。

（1）将 do1 信号的访问等级"Access Level"设为 All，如图 5-26 所示。

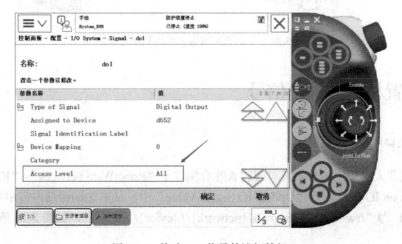

图 5-26　修改 do1 信号的访问等级

(2)打开记事本,编写如代码 5-11 所示的 HTML 代码(创建两个按钮和 JavaScript 函数),并且将其另存为"SetSignal.html"。

代码 5-11

```
<!DOCTYPE html>
<html>
<head>
<script>

function signalchange(data)
{
    var rwServiceResource = new XMLHttpRequest();
    rwServiceResource.open("POST","/rw/iosystem/signals/Devicenet/d652/do1?action=set",true, "Default User", "robotics");
    rwServiceResource.timeout = 10000;
    rwServiceResource.setRequestHeader('Content-type','application/x-www-form-urlencoded');
    rwServiceResource.send(data);
}
</script>
</head>
<body>
<h1>IO 设置</h1>
<p>信号名字:do1</p>
<button type="button" onclick="signalchange('lvalue=1')">设置为 1</button>
//将参数 lvalue=1 传递到 signalchange 函数中
<br><br>
<button type="button" onclick="signalchange('lvalue=0')">设置为 0</button>
</body>
</html>
```

(3)将创建好的 SetSignal.html 文件放入机器人的 HOME/docs 文件夹内,如图 5-27 所示。

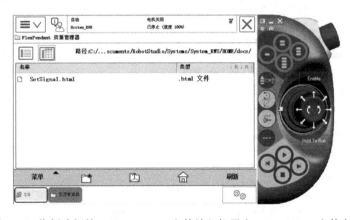

图 5-27　将创建好的 SetSignal.html 文件放入机器人 HOME/docs 文件夹内

(4)计算机连接机器人。如果连接控制柜的 Service 端口(固定 IP 为 192.168.125.1),则在浏览器中输入"http://192.168.125.1/docs/SetSignal.html";如果连接的是本机计算机的虚拟控制器,则在浏览器中输入"http://127.0.0.1/docs/SetSignal. html"。

(5)若弹出登录窗口,则先填写用户名为"Default User"、密码为"robotics",然后单击"登录"按钮。

（6）如图 5-28 所示，单击"设置为 1"或"设置为 0"按钮，即可实现对信号 do1 的控制。

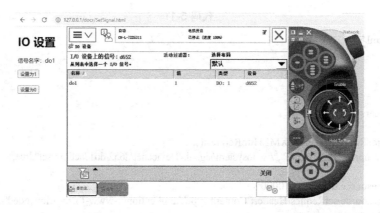

图 5-28　通过网页对 do1 信号置位与复位

5.6　控制机器人电机开启或关闭

通过 RWS 控制机器人电机开启或关闭时，需要确保机器人处于自动模式下。

5.6.1　API 接口查找

控制机器人电机的开启或关闭，其对应的 API 介绍位于 "RobotWare Services" - "Panel service" - "Operations on Controller State" - "Set Controller State" 中，从右边的帮助内容中可以看到其对应的 URL 为 "/rw/panel/ctrlstate"，如图 5-29 所示。

图 5-29　Set Controller State

5.6.2 通过网页的按钮控制

本小节将介绍如何在网页中制作"电机开启"按钮和"电机关闭"按钮，单击"电机开启"按钮时开启电机、单击"电机关闭"按钮时关闭电机，具体步骤如下所示。

（1）打开记事本，编写如代码 5-12 所示的 HTML 代码（创建两个按钮和 JavaScript 函数），并且将其另存为"MotorOnOFF.html"。

代码 5-12

```
<!DOCTYPE html>
<html>
<head>
<script>
function MotorStateChange(data)
{
    var rwServiceResource = new XMLHttpRequest();
    rwServiceResource.open("POST","/rw/panel/ctrlstate?action=setctrlstate",true, "Default User", "robotics");
    //初始化 HTTP 请求参数，使用默认的用户名和密码
    rwServiceResource.timeout = 10000;
    rwServiceResource.setRequestHeader('Content-type','application/x-www-form-urlencoded');
    rwServiceResource.send(data);
}
</script>
</head>
<body>
<h1>机器人控制系统</h1>
<button type="button" onclick="MotorStateChange('ctrl-state=motoron')">电机开启</button>
//传递 motoron 参数
<br><br>
<button type="button" onclick="MotorStateChange('ctrl-state=motoroff')">电机关闭</button>
</body>
</html>
```

（2）将创建好的 MotorOnOFF.html 文件放入机器人的 HOME/docs 文件夹内，如图 5-30 所示。

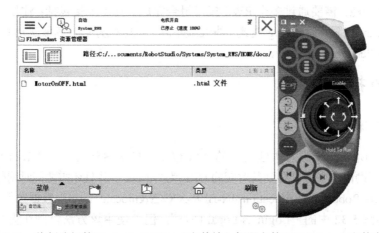

图 5-30 将创建好的 MotorOnOFF.html 文件放入机器人的 HOME/ docs 文件夹内

(3) 计算机连接机器人。如果连接控制柜的 Service 端口（固定 IP 为 192.168.125.1），则在浏览器中输入"http://192.168.125.1/docs/MotorOnOFF.html"；如果连接的是本机计算机的虚拟控制器，则在浏览器中输入"http://127.0.0.1/docs/MotorOnOFF. html"。

(4) 若弹出登录窗口，则先填写用户名为"Default User"、密码为"robotics"，然后单击"登录"按钮。

(5) 当机器人处于自动模式下时，如图 5-31 所示，单击网页中的"电机开启"或"电机关闭"按钮，即可实现对机器人电机的控制。

图 5-31　通过网页实现对机器人电机的控制

5.7　实现对机器人的 Jog 控制

RWS 可以实现对机器人的 Jog（点动）控制，就如同示教器上的摇杆控制，这是 PC SDK 所不具备的功能。在 RWS 1.0 版本中，要求机器人必须处于手动模式才能通过 RWS 实现 Jog；而在 RWS 2.0 版本中，可以在自动模式下实现 Jog 控制。

实现这个功能，需要通过多个 RWS 接口组合完成。具体步骤包括：注册为本地用户->申请获得 Motion 权限->设置 Jog 模式（线性或单轴）->电机开启->读取运动相关的 CCount 计数器->实现 Perform Jog 接口。

5.7.1　API 接口查找

1. 注册为本地用户

如图 5-32 所示，注册为本地用户的 API 位于"User Service"-"Register the user"中，从右边的帮助内容中可以看到其对应的 URL 为"/users"，并且还需要同时附带"username=xyz&application= RobotStudio&location=IN-BLR-XXXX&ulocale=local"数据参数。

也可使用图 5-32 中的"Login as Local User"，但若使用该方法，则在提交 Login in 的时候，需要人为地在 5s 内按动示教器上的 Enable 键 3 次完成本地登录。

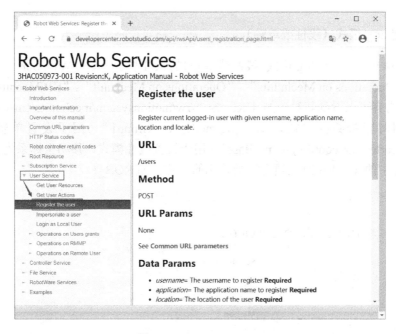

图 5-32 Register the user

2. 申请获得 Motion 权限

如图 5-33 所示，申请获得 Motion 权限的 API 位于 "RobotWare Services" - "Mastership service" - "Mastership request" 中，从右边的帮助内容中可以看到其对应的 URL 为 "/rw/mastership"。

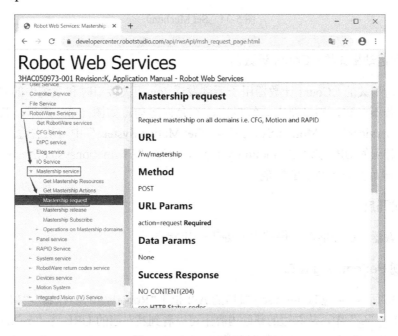

图 5-33 Mastership request

3. 设置 Jog 模式（线性或单轴）

如图 5-34 所示，设置 Jog 模式（线性或单轴）的 API 位于"RobotWare Services"-"Motion System" - "Operations on Mechunits" - "Operations on Mechunit" - "Set Mechunit"中，从右边的帮助内容可以看到其对应的 URL 为"/rw/motionsystem/mechunits/{mechunit}"，并且还需要同时附带数据参数，如"jog-mode=AxisGroup1"（用于设置单轴模式）或"jog-mode=Cartesian&coord-system= Base"（用于设置线性模式，移动坐标系为基坐标系）。

- URL 中的{mechunit}处填写机械单元的名称，如 ROB_1。

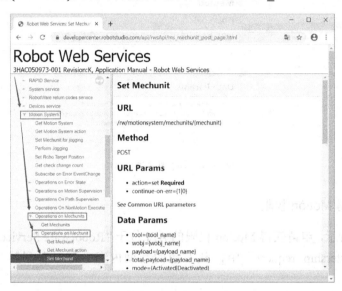

图 5-34　Set Mechunit

4. 读取运动相关的 CCount 计数器

读取运动相关的 CCount 计数器用于后续发送 Jog 相关接口时和系统中的 CCount 数值进行校验。若不一致，则机器人系统报错，不允许运动。如图 5-35 所示，其 API 位于"RobotWare Services" - "Motion System" - "Get Motion System"中，从右边的帮助内容中可以看到其对应的 URL 为"/rw/motionsystem"，通过"/rw/motionsystem?resource=change-count"地址即可获取计数器的数值。

5. 电机开启

按住示教器上的使能键，保持电机处于开启状态。

6. 实现 Perform Jog 接口

如图 5-36 所示，实现 Perform Jog 接口的 API 位于"RobotWare Services"-"Motion System" - "Perform Jogging"中，从右边的帮助内容中可以看到其对应的 URL 为"/rw/motionsystem?action=jog"，并且还需要同时附带数据参数"axis1=900&axis2=0&axis3= 0&axis4= 0&axis5= 0&axis6= 0&ccount=0&inc-mode=Large"。这里向 axis1 赋值的 900 为速度向量，数值在±2048

之间，正数则表示对应的关节轴往正方向运动，负数则是反方向运动。若数值为 0，则表示对应的关节轴不运动。

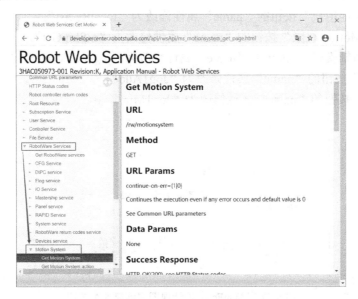

图 5-35　Get Motion System

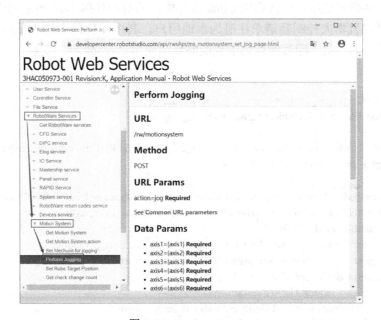

图 5-36　Perform Jogging

5.7.2　在 WinForm 窗体软件中实现控制

1. 单轴模式控制

本案例以本机的虚拟机器人作为控制对象，因此涉及的 IP 地址均为本机的 IP 地址 "127.0.0.1"。若为真实机器人，则 IP 地址修改为真实机器人的 IP 地址。

（1）如图 5-37 所示，在 WinForm 设计视图中创建 5 个按钮，为方便阅读代码，修改按钮对应的"name"属性。
- "注册本地用户"按钮的"name"属性修改为"localRegist"。
- "请求 Motion 权限"按钮的"name"属性修改为"mShipGet"。
- "设置单轴模式" 按钮的"name"属性修改为"jogAxisModeSet"。
- "1 轴+"按钮的"name"属性修改为"Jog1Add"。
- "1 轴-"按钮的"name"属性修改为"Jog1Min"。

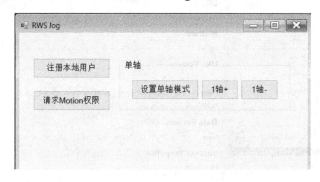

图 5-37 在 WinForm 设计视图中创建 5 个按钮

（2）在"注册本地用户"按钮的 Click 事件中，编写如代码 5-13 所示的代码，实现当单击该按钮时向机器人控制器请求注册为本地用户。其中，代码中的"_cookies"变量需要做好变量的全局声明，即后续代码中也能够继续使用"_cookies"变量。

代码 5-13

```
private CookieContainer _cookies = new CookieContainer();
private void localRegist_Click(object sender, EventArgs e)
{
    //本段使用 Register the user 方法，不需要人为地在 5s 内在示教器中按 Enable 键 3 次
    string url = $"http://127.0.0.1/users";

    string body = "username=xyz&application=RobotStudio&location=IN-BLR-XXXX&ulocale=local";
    HttpWebRequest request = (HttpWebRequest)WebRequest.Create(url);
    request.Method = "POST";
    request.Credentials = new NetworkCredential("Default User", "robotics");
    request.ContentType = "application/x-www-form-urlencoded";
    request.CookieContainer = _cookies;
    Stream s = request.GetRequestStream();
    s.Write(Encoding.ASCII.GetBytes(body), 0, body.Length);
    //向数据流中写入 body 内容
    s.Close();
    using (var httpResponse = (HttpWebResponse)request.GetResponse())
    {
        if (httpResponse.StatusCode == HttpStatusCode.Created)
        {
            Console.WriteLine("Created");
        }
    }
}
```

（3）在"请求 Motion 权限"按钮的 Click 事件中，编写如代码 5-14 所示的代码，用于实现当单击该按钮时向机器人控制器请求控制运动的权限。

代码 5-14

```csharp
private void mShipGet_Click(object sender, EventArgs e)
{
    string url = $"http://127.0.0.1/rw/mastership/motion?action=request";
    //请求权限 URL

    HttpWebRequest request = (HttpWebRequest)WebRequest.Create(url);
    request.Method = "POST";
    request.Credentials = new NetworkCredential("Default User", "robotics");
    request.ContentType = "application/x-www-form-urlencoded";
    request.CookieContainer = _cookies;
    Stream s = request.GetRequestStream();
    s.Close();
    using (var httpResponse = (HttpWebResponse)request.GetResponse())
    {
        if (httpResponse.StatusCode == HttpStatusCode.NoContent)
        {
            Console.WriteLine("Motion response：NO_CONTENT");
        }
    }
}
```

（4）在"设置单轴模式"按钮的 Click 事件中，编写如代码 5-15 所示的代码，用于实现当单击该按钮时向机器人控制器请求对机器人的单轴模式控制。

代码 5-15

```csharp
private void jogAxisModeSet_Click(object sender, EventArgs e)
{
    string url = $"http://127.0.0.1/rw/motionsystem/mechunits/ROB_1?action=set&continue-on-err=1";
    string body = "jog-mode=AxisGroup1";
    //运动模式为单轴运动

    HttpWebRequest request = (HttpWebRequest)WebRequest.Create(url);
    request.Method = "POST";
    request.Credentials = new NetworkCredential("Default User", "robotics");
    request.CookieContainer = _cookies;
    request.ContentType = "application/x-www-form-urlencoded";
    Stream s = request.GetRequestStream();
    s.Write(Encoding.ASCII.GetBytes(body), 0, body.Length);
    s.Close();
    using (var httpResponse = (HttpWebResponse)request.GetResponse())
    {
        if (httpResponse.StatusCode == HttpStatusCode.NoContent)
        {
            Console.Write("Jog Mode Set Response:NO_CONTENT");
        }
    }
}
```

（5）机器人控制器需要处于手动模式（RWS 1.0 的 Jog 功能只在手动模式下有效）时才能开启电动机。真实机器人为按住示教器的使能键，虚拟机器人则是单击示教器中的 Enable 键，如图 5-38 所示。

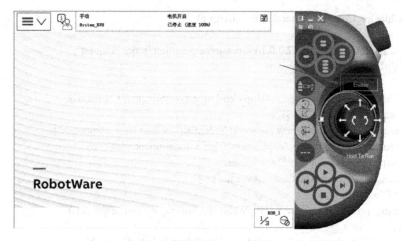

图 5-38　在手动模式下开启电机

（6）创建读取 CCount 计数器的函数 "getCCount"，在后续的 Jog 控制中，需要将该数值和 RWS 接口一起发送给机器人控制器。发送请求 Jog 控制的接口时，必须提前读取 CCount 数值，当发送的接口包含的 CCount 数值和控制器中的数值一致时，机器人才会运动，否则会报错。具体实现如代码 5-16 所示。

代码 5-16

```
private int getCCount()
        {
            string url = $"http://127.0.0.1/rw/motionsystem?resource=change-count&json=1";

            HttpWebRequest request = (HttpWebRequest)WebRequest.Create(url);
            request.Method = "GET";
            request.Credentials = new NetworkCredential("Default User", "robotics");
            request.CookieContainer = _cookies;
            request.Proxy = null;
            request.Timeout = 10000;

            HttpWebResponse response = (HttpWebResponse)request.GetResponse();
            if (response != null)
            {
                using (StreamReader reader = new StreamReader(response.GetResponseStream()))
                {
                    string content = reader.ReadToEnd();
                    dynamic res = JsonConvert.DeserializeObject(content);
                    var state = res._embedded._state[0];
                    if (state != null)
                    {
                        Console.WriteLine("state:" + state["change-count"]);
                        return Convert.ToInt32(state["change-count"]);
                        //返回当前 CCount
```

```
            }
        }
    }
    Console.WriteLine("-1");
    return -1;
}
```

（7）创建"1+"和"1-"按钮，用于 Jog 机器人。C#中按钮的 Click 事件的机制是单击鼠标一次执行一次。而作为控制运动的按钮，则希望按钮控件被长按的时候，机器人一直运动，松开按钮时停止运动。所以这里使用时间中断不断发送 Jog 接口，并使用 Mousedown 事件来启用中断、Mouseup 事件停止中断的方式。定义 2 个时间变量，timer1 用于正方向的运动，timer2 用于反方向的运动，并在窗口界面的构造函数中定义 2 个时间中断事件的关联。具体实现如代码 5-17～代码 5-20 所示。

代码 5-17

```
private System.Timers.Timer timer1 = new System.Timers.Timer();
private System.Timers.Timer timer2 = new System.Timers.Timer();
public FormJog()
{
    this.timer1.Elapsed += timer1_Tick;
    this.timer2.Elapsed += timer2_Tick;
    InitializeComponent();
}
```

在 2 个时间中断触发函数"timer1_Tick"及"timer2_Tick"中编写如代码 5-18 所示的代码。

代码 5-18

```
//"timer1_Tick"中发送请求 1 轴正方向运动的接口，"timer2_Tick"中发送请求 1 轴反方向运动的接口。
private void timer1_Tick(object sender, ElapsedEventArgs e)
{
    timer1.Stop();
    int ccount = getCCount();
    //获取当前 CCount
    string url = $"http://127.0.0.1/rw/motionsystem?action=jog";
    string body = "axis1=1000&axis2=0&axis3=0&axis4=0&axis5=0&axis6=0&ccount=" + ccount + "";
    //此处举例 1 轴正向运动，速度矢量为 1000

    HttpWebRequest request = (HttpWebRequest)WebRequest.Create(url);
    request.Method = "POST";
    request.Credentials = new NetworkCredential("Default User", "robotics");
    request.CookieContainer = _cookies;
    request.ContentType = "application/x-www-form-urlencoded";
    Stream s = request.GetRequestStream();
    s.Write(Encoding.ASCII.GetBytes(body), 0, body.Length);
    s.Close();
    using (var httpResponse = (HttpWebResponse)request.GetResponse())
    {
    }
    timer1.Start();
}
```

```csharp
private void timer2_Tick(object sender, EventArgs e)
    {
        timer2.Stop();
        int ccount = getCCount();
        string url = $"http://127.0.0.1/rw/motionsystem?action=jog";
        string body = "axis1=-1000&axis2=0&axis3=0&axis4=0&axis5=0&axis6=0&ccount=" + ccount + "";
        //此处举例 1 轴负向运动，速度矢量为-1000

        HttpWebRequest request = (HttpWebRequest)WebRequest.Create(url);
        request.Method = "POST";
        request.Credentials = new NetworkCredential("Default User", "robotics");
        request.CookieContainer = _cookies;
        request.ContentType = "application/x-www-form-urlencoded";
        Stream s = request.GetRequestStream();
        s.Write(Encoding.ASCII.GetBytes(body), 0, body.Length);
        s.Close();
        using (var httpResponse = (HttpWebResponse)request.GetResponse())
        {
        }
        timer2.Start();
    }
```

当按下"1 轴+"按钮时，定义 timer1 间隔 200ms 触发，并开始计时。在按钮"1 轴+"的 Mousedown 事件函数中，编写如代码 5-19 所示的代码。

代码 5-19

```csharp
private void Jog1Add_MouseDown(object sender, MouseEventArgs e)
    {
        this.timer1.Interval = 200;
        this.timer1.Enabled = true;
    }
```

当松开按钮"1 轴+"时，timer 停止计时，并执行 PerformJogStop 函数停止机器人运动。在按钮"1 轴+"的 Mouseup 事件函数中，编写如代码 5-20 所示的代码。

代码 5-20

```csharp
private void Jog1Add_MouseUp(object sender, MouseEventArgs e)
    {
        this.timer1.Stop();
        this.PerformJogStop();
    }
public void PerformJogStop()
    {
        string url = $"http://127.0.0.1/rw/motionsystem?action=jog";
        int ccount = getCCount();
        string body = "axis1=0&axis2=0&axis3=0&axis4=0&axis5=0&axis6=0&ccount=" + ccount + "";

        HttpWebRequest request = (HttpWebRequest)WebRequest.Create(url);
        request.Method = "POST";
        request.Credentials = new NetworkCredential("Default User", "robotics");
        request.CookieContainer = _cookies;
        request.ContentType = "application/x-www-form-urlencoded";
```

```
Stream s = request.GetRequestStream();
s.Write(Encoding.ASCII.GetBytes(body), 0, body.Length);
s.Close();
using (var httpResponse = (HttpWebResponse)request.GetResponse())
{
}
}
```

（8）完成代码编写，依次单击按钮"注册本地用户"、"请求 Motion 权限"和"设置单轴模式"，然后再长按"1 轴+"或"1 轴-"按钮，即可看到机器人 1 轴的正向或反向运动。

2．线性模式控制

线性模式的控制流程和单轴模式的基本一致，如注册为本地用户和申请获得 Motion 权限。在 Jog 前同样需要读取运动相关的 CCount 计数器。

在请求 RWS 接口"设置 Jog 模式"时，则需要将附带的数据参数修改为"jog-mode=Cartesian&coord-system=Base"（表示基于参考坐标系的线性模式）。

当设置了线性模式后，在"实现 Perform Jog 接口"的步骤中，附加的数据参数 "axis1=900&axis2=0&axis3=0&axis4=0&axis5=0&axis6=0"里的 axis1-axis6 则不代表 6 个关节，而是对应坐标系下的 X、Y、Z 方向及绕 X、Y、Z 的旋转角度。

例如，附加数据参数修改为"axis1=1000&axis2=0&axis3=0&axis4=0&axis5=0&axis6=0"，表示机器人沿着参考坐标系的 X 正方向运动；附加数据参数修改为"axis1=0&axis2=0&axis3=0&axis4=1000&axis5=0&axis6=0"，表示机器人绕着参考坐标系的 X 正方向旋转。

第 6 章　Externally Guided Motion

6.1　EGM 简介

Externally Guided Motion （EGM）是 ABB 工业机器人提供的一种高级机器人应用选项，使用 EGM 时，机器人需要有 689-1 Externally Guide Motion 选项。

EGM 提供了 3 种不同的特性，如下所示。

1. EGM Position Stream

EGM Position Stream 仅可用于 UDP 通信，其能够定期发送机械单元（如机器人、定位器和导轨等）的机器人计划和实际的位置数据，通过 Google Protobuf 的定义文件 egm.proto 来详细说明发送信息的具体内容。用户可在 IRC5 控制器的高优先级网络环境（高达 250Hz 的稳定数据交换）下运行周期通信通道（UDP），且各运行任务必须配备一个通信通道。EGM Position Stream 功能可与 EGM Position Guidance 功能一同使用，应用示例如在激光头正在动态控制激光束的地方进行激光焊接（外部设备实施获取当前机器人的位置）等。

2. EGM Position Guidance

EGM Position Guidance 是为高级用户设计的，它通过绕过相关路径规划的方式为相关的机器人控制器提供了一个低级接口。

用户可用 EGM Position Guidance 来高速读取相关运动系统的位置和向该系统高速写入位置（可达到每 4ms 一次，并伴随 10~20ms 的控制延迟，具体的延迟取决于相关的机器人类型）。EGM Position Guidance 会处理一切必要的滤波、引用项监控和状态事宜。状态事宜的处理包括程序启动/停止和紧急停止等。

与其他外部运动控制手段相比，EGM Position Guidance 的主要优点在于较高的速率和较低的延时。从"写入一个新位置"到"该给定位置开始影响实际的机器人位置"之间的时间通常约为 20ms。

EGM 会直接进入相关的电机引用项生成过程，即机器人控制器不会提供任何路径规划，这意味着用户无法下令机器人移动到某个姿态目标点。用户既无法下令进行一次指定速度的移动，也无法下令进行一次应耗费指定时间的移动。如果要下令进行此类需要路径规划的移动，可使用 RAPID 中的标准移动指令，即 MoveL 和 MoveJ 等。

由于相关机器人控制器中的 EGM 绕过了路径规划，因此用户输入数据会直接创建相应的机器人路径，所以很重要的一点就是确保发送给机器人控制器的位置要尽量平顺。机器人会迅速对接收到的位置数据做出反应。

3. EGM Path Correction

EGM Path Correction 使用户可矫正一条已经编写好的机器人路径。用于测量实际路径的装置或传感器必须安装在相关机器人的工具栏上，且该装置或传感器必须能够校准相应的传感器框架坐标系。

如图 6-1 所示，对轨迹的矫正正是在相关的路径坐标系 P 上实施矫正，该坐标系的 X 方向来自相关路径的切线，Y 方向为该路径切线和当前工具的 Z 方向的叉积（向量的叉积含义如图 6-2 所示），Z 方向是前文所述的 X 方向和 Y 方向的叉积。

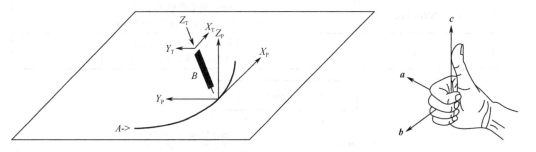

图 6-1　工具坐标系 T 与路径坐标系 P　　　　图 6-2　向量 a 叉乘向量 b 得到向量 c

路径与工具坐标系的解释如表 6-1 所示。

表 6-1　路径与工具坐标系解释

A	路径方向
B	工具
P	路径坐标系
T	工具坐标系

- 将路径的切线方向作为路径坐标系的 X 方向。
- 根据路径坐标系 X 方向和工具坐标系 Z 方向的叉积，推导出路径坐标系的 Y 方向。
- 根据路径坐标系 X 方向和路径坐标系 Y 方向的叉积，推导出路径坐标系的 Z 方向。

6.2　EGM 相关指令介绍

6.2.1　EGM 的状态

EGM 的状态包括 EGM_STATE_DISCONNECTED、EGM_STATE_CONNECTED 和 EGM_STATE_RUNNING，如表 6-2 所示。如图 6-3 所示，RAPID 指令 EGMRunJoint 和 EGMRunPose 需要在状态为 EGM_STATE_CONNECTED 后才能执行，而只要机器人还未达到相关目标点位置的收敛标准，或还未达到超时时间，那么这两条指令就会使相关状态变为 EGM_STATE_RUNNING。当满足了其中一项条件时，EGM 的状态会再次变为 EGM_STATE_CONNECTED，而这两条指令就此结束（RAPID 会继续执行下一条指令）。

如果 EGM 的状态为 EGM_STATE_RUNNING，且停止了 RAPID 的执行过程，那么 EGM 则会进入 EGM_STATE_CONNECTED 状态。当程序重启时，EGM 会返回

EGM_STATE_RUNNING 状态。

如果执行"PP to Main"或"PP to Cursor"操作，EGM 的状态就会变为 EGM_STATE_CONNECTED。

表 6-2 EGM 的状态

值	描述
EGM_STATE_DISCONNECTED	未定义这一具体进程的 EGM 状态 未激活任何设定
EGM_STATE_CONNECTED	未激活指定的 EGM 进程 已进行过设置，但并未激活任何 EGM 移动
EGM_STATE_RUNNING	正在执行指定的 EGM 进程 EGM 移动处于激活状态，即移动了相关机器人

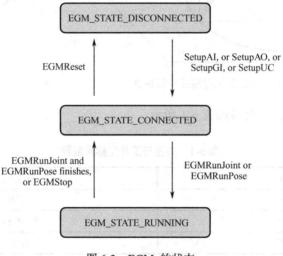

图 6-3 EGM 的状态

6.2.2 位置流实时输出

EGM 的位置流输出仅可用于 UdpUc 通信，即机器人通过 UDP 的将机器人当前的位置数据发送给上位机。使用位置流输出的基本步骤如下所示。

（1）获取 egmID，其对应的指令为 EGMGetId egmID1。

（2）设置使用的 Device，以及发送的数据格式（Pose 或者 Joint），其对应指令为：
EGMSetupUC ROB_1,egmID1,"default","UCdevice"\Pose；
或者 EGMSetupUC ROB_1,egmID1,"default","UCdevice"\Joint。

关于指令中 default 和 UCdevice 等参数的含义，将在 6.3 节详细解释。

（3）设置输出采样频率并启动输出，其对应的指令为 EGMStreamStart egmID1\SampleRate:=4。

（4）启动机器人。

（5）停止位置输出，其对应的指令为 EGMStreamStop egmID1。

（6）复位 egmID，其对应的指令为 EGMReset egmID1。

6.2.3 Position Guidance 实时闭环控制

对于位置的实时控制，机器人可以 UDP 与上位机进行通信，也可通过模拟量输入信号（Analog Input）和模拟量输出信号（Analog Output）来发送与接收数据并被导引至相关位置也可通过组输入信号（Group Input）来接收数据并被导引至相关位置。

如果接收到的导引数据的形式为 Analog Input 或 Analog Output 或 Group Input，即通过 EGMSetupAI、EGMSetupAO 或 EGMSetupGI 来设置数据的输入形式，整个 EGM Position Guidance 的过程如下。

（1）调用 EGM。
（2）EGM 读取相关信号的位置值。
（3）EGM 在运动控制中写入相关的位置数据。

传感器会把位置数据写入相应的信号中。如果把信号作为数据源，那么该输入项就仅限于相关机器人的 6 关节值或 3 笛卡儿位置值（X、Y、Z）再加上 3 欧拉角（RX、RY 和 RZ）。同时，这些信号也能关联最多 6 个附加轴数值。当对 7 轴机器人（如 Yumi 机器人）使用 EGM 关节模式时，由第一根附加轴输入信号提供机器人附加轴的位置。

如果 EGM 使用 UdpUc 接口进行数据交互，则相关的数据流交互过程如下所示。

（1）调用 EGM。
（2）EGM 从运动控制中读取反馈数据。
（3）EGM 把反馈数据发送给相关的传感器。
（4）EGM 按相关传感器的消息来检查 UDP 队列。
（5）如果有一条消息，那么 EGM 会读取下一条消息，而到该步骤时则会在运动控制中写入相关的位置数据。如果没有发送任何位置数据，那么运动控制会继续使用 EGM 之前写入的最后一项位置数据。

传感器会向相应的控制器（EGM）发送位置数据。我们的建议是将这种发送与步骤（3）耦合起来，使该传感器与该控制器同相。该控制环路具有如表 6-3 所示的 EGM 速度与位置的关系。

表 6-3 EGM 速度与位置的关系

speed = k * (pos_ref – pos) + speed_ref	k——系数 pos_ref——参考位置 pos——实际位置 speed_ref——参考速度

Position Guidance 功能的使用步骤和方法如下所示。
（1）获取 egmID，其对应的指令为 EGMGetId egmID1。
（2）设置 EGM 连接参数，具体实现如下所示。
① 如果接收的数据为模拟量输入信号，则如代码 6-1 所示设置连接参数指令。

代码 6-1

```
EGMSetupAI ROB_1,egmID1,"default"\Pose\aiR1x:=ai_MoveX
\aiR2y:=ai_MoveY\aiR3z:=ai_MoveZ\aiR4rx:=ai_RotX\aoR5ry:=ai_RotY\aoR6rz:=ai_RotZ;
!以模拟量输入的形式接收数据，引导机器人进行位姿移动：X、Y、Z和旋转角度 A、B、C
```

!ai_MoveX 为模拟量输入信号

EGMSetupAI ROB_1,egmID1,"default"\Joint\aiR1x:=ai_1
\aiR2y:=ai_2\aiR3z:=ai_3\aiR4rx:=ai_4\aoR5ry:=ai_5\aoR6rz:=ai_6;
!以模拟量输入的形式接收数据,引导机器人进行关节移动:6 个轴数据 Joint 形式
!ai_MoveX 为模拟量输入信号

② 如果接收的数据为模拟量输出信号(模拟量输出信号主要用于测试。RAPID 可以对模拟量输出信号赋值),则如代码 6-2 所示设置连接参数指令。

代码 6-2

EGMSetupAO ROB_1,egmID1,"default"\Pose\aoR1x:=ao_MoveX\aoR2y:=ao_MoveY
\aoR3z:=ao_MoveZ\aoR4rx:=ao_RotX\aoR5ry:=ao_RotY\aoR6rz:=ao_RotZ;
!以模拟量输出的形式接收数据,引导机器人进行位姿移动:X、Y、Z 和旋转角度 A、B、C
!ao_MoveX 为模拟量输出信号

EGMSetupAO ROB_1,egmID1,"default"\Joint\aoR1x:=ao_1\aoR2y:=ao_2
\aoR3z:=ao_3\aoR4rx:=ao_4\aoR5ry:=ao_5\aoR6rz:=ao_6;
!以模拟量输出的形式接收数据,引导机器人进行关节移动:6 个轴数据 Joint 形式

③ 若机器人控制器接收的数据由上位机通过 UDP 输入,则如代码 6-3 所示设置连接参数指令。

代码 6-3

EGMSetupUC ROB_1, egmID1, "default", "EGMsensor:" \pose; (通过 UDP 输入)
!以 UDP 输入的形式接收数据,引导机器人进行位姿移动:X、Y、Z 和旋转角度 A、B、C

EGMSetupUC ROB_1, egmID1, "default", "EGMsensor:" \Joint; (通过 UDP 输入)
!以 UDP 输入的形式接收数据,引导机器人进行关节移动:6 个轴数据 Joint 形式

(3)设置导引参数,如代码 6-4 所示。

代码 6-4

EGMActPose   egmID1\Tool:=Pen_TCP\WObj:=wobj0,
posecor0,EGM_FRAME_TOOL,posesen0,EGM_FRAME_TOOL\x:=egm_minmax_lin1\y:=egm_minmax_lin1\z:=egm_minmax_lin1\rx:=egm_minmax_rot1\ry:=egm_minmax_rot1\rz:=egm_minmax_rot1\LpFilter:=20\SampleRate:=16\MaxPosDeviation:=1000;

EGMActPose:表示稍后导引的形式为笛卡儿坐标系。

Tool:=Pen_TCP:表示当前使用的工具为 Pen_TCP。

WObj:=wobj0:表示当前使用的工件坐标系为 wobj0。

posecor0, EGM_FRAME_TOOL:表示当前的矫正数据作用在 tool0 工具坐标系下的 posecor0 处(posecor0 为 pose 型数据,表示位姿)。

posesen0,EGM_FRAME_TOOL:表示当前获得的外部数据作用于 tool0 工具坐标系下的 posesen0 处(posecsen0 为 pose 型数据,表示位姿)。通常传感器(Sensor)不与 TCP 位置重合,可能前置于 TCP,如图 6-4 所示。此时 Sensor 处采集的数据需要转化到 TCP 坐标系下。矫正数据和 Sensor 数据可以作用/来自不同位置,路径及其工具坐标系的含义如表 6-4 所示。

可选参数 x/y/z:表示机器人最终到达的位置收敛域,默认为±1mm。

可选参数 rx/ry/rz:表示机器人最终到达的姿态收敛域,默认为±0.5。

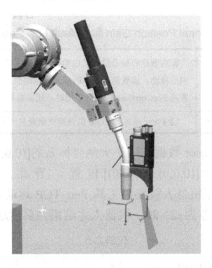

图 6-4　Sensor 坐标系与工具矫正坐标系

表 6-4　路径及其工具坐标系的含义

名　字	含　义
EGM_FRAME_BASE	以相对于基本框架的方式来定义该框架（姿态模式）
EGM_FRAME_TOOL	以相对于所用工具的方式来定义该框架（姿态模式）
EGM_FRAME_WOBJ	以相对于所用工件的方式来定义该框架（姿态模式）
EGM_FRAME_WORLD	以相对于全局框架的方式来定义该框架（姿态模式）
EGM_FRAME_JOINT	这些数值为关节值（关节模式）

LpFilter：滤波参数，作用见图 6-5 和表 6-5。

SampleRate：采样周期（ms）。

MaxPosDeviation：允许的最大偏差角度（机器人各轴与原始角度的最大偏差），默认为 1000°。

MaxSpeedDeviation：允许的最大关节速度变化（以度/秒为单位），即用该系数来调整加速度/减速度，默认值为 1.0°/s。

机器人控制器的"控制面板"-"配置"-"Motion"下类型为"External Motion Interface Data"的系统参数"Default proportional Position Gain"和"Default Low Pass Filter Bandwith Time"会影响到 EGM 的行为，如表 6-5 所示。

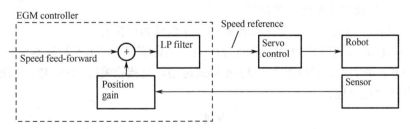

图 6-5　Default proportional Position Gain 和 Default Low Pass Filter Bandwith Time 对于 EGM 的影响

表 6-5 Default proportional Position Gain 和 Default Low Pass Filter Bandwith Time

Default proportional Position Gain	影响前往目标点位置（由相应的传感器给定，并与当前的机器人位置有关）的响应移动。该数值越高，响应速度就越快。默认值为 5。指令 EGMRunPose 中设置的 PosCorrGain 在实际使用时，还需要乘以 Default proportional Position Gain
Default Low Pass Filter Bandwith Time	LP Filter 是过滤 EGM 的速度贡献量时所用的默认值。默认值为 20

代码 6-5 表示当前的 Sensor 数据作用于大地坐标系的[(0,0,0),(1,0,0,0)]位置，矫正数据也作用于大地坐标系的 [(0,0,0),(1,0,0,0)] 位置。若此时 Sensor 收到的数据为 [(100,100,1000),(1,0,0,0)]，则机器人就要以工具 Pen_TCP 运动到该位置，并且当机器人位于该位置±1mm 处、姿态误差为±2°时，机器人才结束当前运动。

代码 6-5

```
VAR pose    posecor0:=[[0,0,0],[1,0,0,0]];
VAR pose    posesen0:=[[0,0,0],[1,0,0,0]];
CONST egm_minmax egm_minmax_lin1:=[-1,1];
CONST egm_minmax egm_minmax_rot1:=[-2,2];
EGMActPose egmID1\Tool:=Pen_TCP\WObj:=wobj0,
posecor0,EGM_FRAME_WORLD,posesen0,EGM_FRAME_WORLD\x:=egm_minmax_lin1\y:=egm_minmax_
lin1\z:=egm_minmax_lin1\rx:=egm_minmax_rot1\ry:=egm_minmax_rot1\rz:=egm_minmax_rot1\LpFilter:=20\
SampleRate:=16\MaxPosDeviation:=1000;
```

代码 6-6 表示当机器人各轴到达指定位置且 1 轴、3 轴和 4 轴的位置数据满足收敛域 egm_minmax1 时，机器人才停止运动。

代码 6-6

```
EGMActJoint egmID1 \J1:=egm_minmax1 \J3:=egm_minmax1 \J4:=egm_minmax1;
```

（4）设置机器人的运动和停止参数，启动机器人运行，如代码 6-7 所示。

代码 6-7

```
EGMRunPose egmID1,EGM_STOP_HOLD\x\y\z\RampInTime:=0.05\PosCorrGain:=0.1;
```

EGMRunPose：表示机器人以笛卡儿空间方式运动。

EGM_STOP_HOLD：机器人到达位置并满足收敛域后的停止方式。EGM_STOP_HOLD 表示在当前位置停止，EGM_STOP_RAMP_DOWN 表示在当前位置停止并返回起始点。

\x\y\z：表示仅接收并响应 X、Y、Z 的数据矫正，忽略姿态的数据输入。若使用 \x\y\z\rx\ry\rz，则接收并响应全部数据。

RampInTime：定义以多快的速率开始移动（以秒为单位）。

PosCorrGain：位置矫正增益，范围为 0～1，具体解释见图 6-5 和表 6-5。

如代码 6-8 所示，表示机器人以 Joint 形式运动，且接收响应 J1 和 J3 的数据，满足停止收敛域后停止在原地。

代码 6-8

```
EGMRunJoint egmID1, EGM_STOP_HOLD \J1 \J3 \RampInTime:=0.05;
```

6.2.4 基于已有轨迹的矫正

对于 EGM Path Correction，其使用步骤和指令如下所示。
（1）获取 egmID，其对应的指令为 EGMGetId egmID1。
（2）设置矫正数据的形式，如代码 6-9 所示。

代码 6-9

```
EGMSetupLTAPP  ROB_1, egmId1, "pathCorr", "OptSim", 1\LATR;
```

pathCorr：ExtConfigName, Motion 下 External Motion Interface Data 类型中定义的外部运动接口数据的名称。

"OptSim"：LTAPP 装置的名称。

1：定义路径校正期间相关传感器设备应采用的关节类型（用一个数字表达）。

\LATR：建立一个智能预测跟踪器类型的传感器（Look Ahead Tracking），用于路径纠正，如 Laser Tracker。

\APTR：建立一个当前点跟踪器类型的传感器，用于路径纠正。例如，WeldGuide 或 AWC，\APTR 或\LATR 中至少要有一个。

（3）激活 EGM 并定义传感器坐标系 Sensor Frame 和采样时间，采样时间是 48ms 的倍数，具体实现如代码 6-10 所示。

代码 6-10

```
EGMActMove egmId1, tLaser.tframe\SampleRate:=48;
!矫正坐标系始终是路径坐标系
```

（4）使用 EGM 专用运动指令，如 EGMMoveL 和 EGMMoveC，此时机器人会基于原有规划轨迹运动，同时实时接收外部数据进行矫正运动，具体实现如代码 6-11 所示。

代码 6-11

```
EGMMoveL egmId1, p140, v10, z5, tEGM\WObj:=wobj0;
```

（5）复位 EGMID。

6.3 基于 EGM Stream 的实时数据流输出

6.3.1 创建机器人 RAPID 代码

要使用 EGM Stream 位置流输出功能，机器人必须有 689-1 Externally Guided Motion 选项。

（1）进入示教器的"控制面板"-"配置"-"Communication"-"Transmission Protocal"中，对通信协议和远程设备的地址进行配置，如图 6-6 所示。

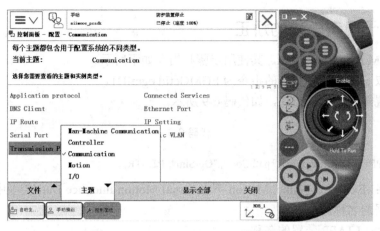

图 6-6　Transmission Protocal 配置界面

（2）如图 6-7 所示，新建一个项目，将其命名为"UCdevice"。

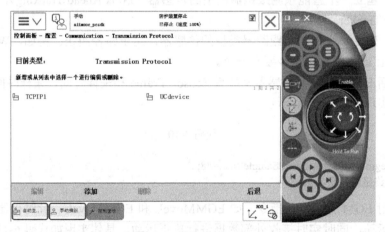

图 6-7　新建 UCdevice

（3）如图 6-8 所示，配置远程设备的地址。"Type"选择"UDPUC"，"Remote Address"为远程 Server（服务器）的 IP 地址。使用 EGM Stream 时，通常机器人为 Client。若有多个 Server（设备）需要传送数据，则单个设备的端口默认从 6510 开始，如表 6-6 所示。

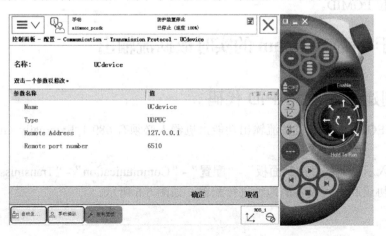

图 6-8　配置远程设备的地址

表 6-6 Remote Address 及端口的定义

Name	Type	Serial Port	Remote Address	Remote 端口
UD device	UDPUD	N/A	192.168.10.20	6510
UD device2	UDPUD	N/A	192.168.10.20	6511
UD device3	UDPUD	N/A	192.168.10.21	6510

（4）在机器人中创建如代码 6-12 所示的示例代码。

代码 6-12

```
PROC UDP_TEST1()
    VAR egmident egmID1;
    EGMGetId egmID1;
    EGMSetupUC ROB_1,egmID1,"default","UCdevice"\Pose;
    ! 使用 UCdevice 设备,设备名为在 Transmission Protocal 创建的设备名,使用 default 配置。
    ! 也可使用非 default 配置,具体在控制器控制面板-配置- Motion 下的 External Motion Interface Data 类型处新建及配置
    ! 如果发送数据的格式为笛卡儿空间坐标,如 XYZABC 或者 XYZ,q1~q4,选择类型为 Pose
    ! 如果发送数据的格式为 a1~a6,选择类型为 Joint
    EGMStreamStart egmID1\SampleRate:=4
    ! 开始输出,采样率为 4ms
    MoveAbsJ jpos20,v100,z20,tool0;
    MoveAbsJ jpos10\NoEOffs,v1000,fine,tool0;
    ! 移动机器人
    EGMStreamStop egmID1;
    ! 停止输出
    EGMReset egmID1;
ENDPROC
```

6.3.2 创建 C#可用的 ProtoBuffer 文件

EGM 传感器协议用于实现机器人控制器与某个通信端点之间的高速通信。由于通信端点通常为一个传感器,所以从此处起,我们将使用传感器来代替通信端点。有时该传感器会与一台 PC 相连,而该 PC 会把传感器数据发送给相关机器人,这种传感器协议的用途是在相关的机器人控制器和传感器之间频繁交流传感器数据。EGM Sensor Protocol 使用 Google Protocol Buffers 进行编码,并把 UDP 作为传送协议。选择 Google Protocol Buffers 的原因是其具有速度和语言中立性方面的优势。由于所发送的数据是高频发送的实时数据,且一旦丢失数据包,重新发送这些数据也无济于事,所以我们才选择了 UDP 作为传送协议。

通过 egm.proto 文件定义 EEGM Sensor Protocol 的数据结构,需要在系统参数中配置相关的传感器名称、IP 地址和传感器的端口号,最多可以配置 8 个传感器,该传感器（上位机）起到服务器的作用。在从相关机器人控制器处收到第一则消息前,该传感器无法向相关机器人发送任何内容；在收到第一则消息后,便可双向发送彼此独立的多则消息。采用了该协议的应用可能会对其使用情况做出一定限制,但该协议本身并不具备对请求响应或丢失消息的监控。这里没有专用的连接消息或断开消息,只有能双向独立流动的数据,来自相关机器人的第一则消息将是数据消息。此外,用户还必须谨记,即使接收方的队列已满,UDP 消息的发送方也仍会继续发送,所以接收方必须确保其队列是空的。

按默认设定，无论传感器何时发送数据，相关机器人都会每隔 4ms 向该传感器发送一次数据或从该传感器读取一次数据，用户可用 RAPID 指令 EGMStreamStart、EGMActJoint 或 EGMActPose 的可选参数\SampleRate 来把这一周期时间改为 4ms 的某个倍数，且各运动任务需要其专属的 UDP 通道来实现传送。

Google Protocol Buffers 或 Protobuf 能非常高效地对数据进行串行化/去串行化。Protobuf 大致上比 XML 快 10~100 倍，互联网上有大量关于 Protobuf 的信息。

简而言之，egm.proto 文件描述了各种消息结构。此后要对 egm.proto 文件进行编译，而编译器则会生成供相关应用使用的串行化/去串行化代码。该应用会从相应的网络中读取一则消息，执行去串行化，创建一则消息，调用串行化方法，最后发送这一消息。

Protobuf 具有语言中立性，所以大部分编程语言都或可使用 Protobuf，不同的语言带来了许多不同的执行方式。Protobuf 的主要缺点是 Protobuf 消息会被串行化成某种二进制格式，这使用户更难通过网络分析仪来调试数据包。

egm.proto 不是一项请求/响应协议，当传感器从相关机器人处获得第一则消息后，该传感器便可以任何频率发送数据。在安装有 RobotStudio 的计算机上，可以在"Add-Ins"标签下鼠标右键单击对应的 RobotWare 版本（见图 6-9），进入路径 C:\ProgramData\ABB Industrial IT\Robotics IT\DistributionPackages\ABB.RobotWare-6.08.0134\RobotPackages\ RobotWare_RPK_6.08.0134\utility\Template\EGM，找到已经定义好的 egm.proto 文件（见图 6-10）。

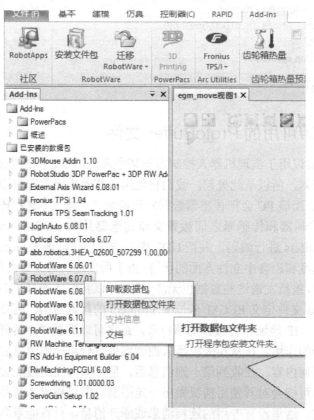

图 6-9　打开数据包文件夹路径

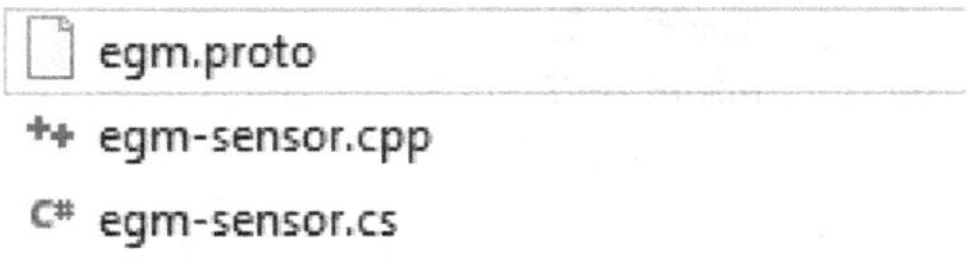

```
egm.proto
egm-sensor.cpp
egm-sensor.cs
```

图 6-10 egm.proto 文件

　　EGM 传感器协议有两种主要的数据结构，即 EgmRobot 和 EgmSensor。其中，EgmRobot 由机器人发送；EgmSensor 由 I/O 的相关传感器发送。两种数据结构的所有消息字段都会被定义为可选，这意味着一则消息中可能有字段，也可能没有字段。如果某一应用使用了 Google Protocol Buffers，则其必须检查其是否存在可选字段。如代码 6-13 所示为 EGM 传感器协议的两种主要数据结构。

代码 6-13

```
//EgmHeader 由 EgmRobot 和 EgmSensor 共用。
message EgmHeader
{
optional uint32 seqno = 1; // sequence number (to be able to find lost messages)
optional uint32 tm = 2; // time stamp in milliseconds
enum MessageType {
    MSGTYPE_UNDEFINED = 0;
    MSGTYPE_COMMAND = 1; // for future use
    MSGTYPE_DATA = 2; // sent by robot controller
    MSGTYPE_CORRECTION = 3; // sent by sensor
}
optional MessageType mtype = 3 [default = MSGTYPE_UNDEFINED];
}
message EgmRobot
{
  optional EgmHeader            header = 1;
  optional EgmFeedBack          feedBack = 2;
  //机器人实际位置的反馈
  optional EgmPlanned           planned = 3;
  //机器人规划的位置
  optional EgmMotorState        motorState = 4;
  optional EgmMCIState          mciState = 5;
  optional bool                 mciConvergenceMet = 6;
  optional EgmTestSignals       testSignals = 7;
  optional EgmRapidCtrlExecState rapidExecState = 8;
  optional EgmMeasuredForce     measuredForce = 9;
}
message EgmFeedBack
{
  optional EgmJoints    joints = 1;
  optional EgmPose      cartesian = 2;
  optional EgmJoints    externalJoints = 3;
  optional EgmClock     time = 4;
}
message EgmSensor
{
```

```
    optional EgmHeader              header = 1;
    optional EgmPlanned             planned = 2;
    optional EgmSpeedRef            speedRef = 3;
}
```

以下通过第三方工具 Protobuf-csharp 举例对 egm.proto 文件进行编译并生成 C#可使用的 cs 文件。

(1) 从链接 https://code.google.com/p/protobuf-csharp-port/下载 Protobuf-csharp，或者通过互联网搜索 "protobuf-csharp"。

(2) 解压下载的压缩文件。

(3) 确认解压文件内是否有 tools 文件夹，且该文件夹内有如图 6-11 所示的文件。若缺失相关文件，则进入解压文件的 build 文件夹，运行图 6-12 中所示的文件，然后再进入 build_outputs 文件夹，其内即有 tools 文件夹及图 6-11 所示的文件。

图 6-11 tools 文件夹内的文件　　　　　图 6-12 BuildAll.bat

(4) 在安装有 RobotStudio 的 PC 上，进入 C:\ProgramData\ABB Industrial IT\Robotics IT\DistributionPackages\ABB.RobotWare6.08.0134\RobotPackages\RobotWare_RPK_6.08.0134\utility\Template\EGM 路径，找到 egm.proto 文件，如图 6-12 所示。

(5) 在步骤 (3) 中的 tools 文件夹内新建一个名称为 "egm" 的文件夹。

(6) 将 egm.proto 文件复制到步骤 (5) 中所创建的 egm 文件夹内，如 egm_test\protobuf-csharp-port-2.4.1.555\build_output\tools\egm。

(7) 启动 Windows 控制台（在 Windows 控制台中输入 "CMD"），利用相关语句将路径转到如图 6-13 所示的路径，即 egm_test\protobuf-csharp-port-2.4.1.555\build_output\tools。

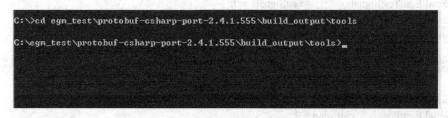

图 6-13 控制台转到对应路径

(8) 在 Windows 控制台中输入 "protogen .\egm\egm.proto --proto_path=.\egm"，从而用 egm.proto 文件生成一份 EGM C#文件（Egm.cs）。

(9) 运行步骤 (8) 后，会在 tools 文件夹内生成 Egm.cs 文件。

6.3.3 机器人对 C#端的实时数据输出

（1）在 Visual Studio 中创建一个 C# Windows 控制台应用，如 EgmSensorApp。

（2）安装 Google.ProtocolBuffers 功能包。在 Visual Studio 中依次选择"工具（T）"-"Nuget 程序包管理器"-"程序包管理器控制台（O）"（见图 6-14）。在控制台（见图 6-15）中输入如代码 6-14 所示的代码，等待安装完成（安装过程确保网络连接通畅）。

代码 6-14

```
PM>Install-Package Google.ProtocolBuffers
```

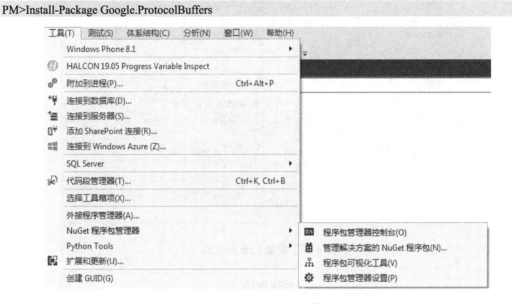

图 6-14 NuGet 程序包管理器

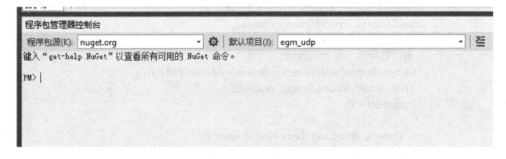

图 6-15 安装 Google.ProtocolBuffers 功能包

（3）在 Visual Studio 项目中添加前文生成的 Egm.cs 文件，如图 6-16 所示。若已经通过其他方式获得编译好的 Egm.cs 文件，也可直接在该步骤导入。

（4）将 EgmSensorApp.cs 复制到 Visual Studio Windows Console 应用文件中，依次单击"编译"、"链接"和"执行"按钮。

（5）RobotStudio 提供的示例代码为 PC 接收机器人发送过来的数据并且发送固定数据到机器人。在测试位置流实时输出功能时，可以先将 PC 发送数据的相关代码段注释，即暂不执行，具体实现如代码 6-15 所示。

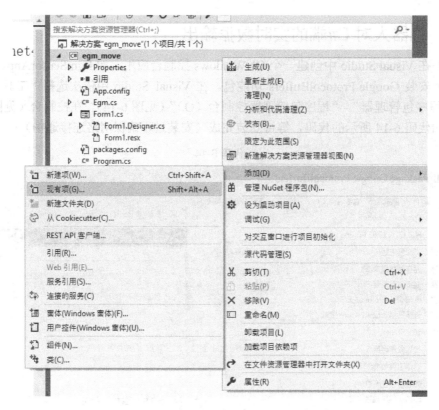

图 6-16 添加 Egm.cs 文件

代码 6-15

```
using (MemoryStream memoryStream = new MemoryStream())
    {
        EgmSensor sensorMessage = sensor.Build();
        sensorMessage.WriteTo(memoryStream);

        // 暂时注释这一段发送代码
        // int bytesSent = _udpServer.Send(memoryStream.ToArray(),
            (int)memoryStream.Length, remoteEP);
        if (bytesSent < 0)
          {
              Console.WriteLine("Error send to robot");
          }
    }
```

（6）RobotStudio 提供的示例代码仅输出显示机器人发送来的序号和时间戳（4ms 一次），如代码 6-16 所示。

代码 6-16

```
void DisplayInboundMessage(EgmRobot robot)
        // 显示从机器人发送来的数据
    {
        if (robot.HasHeader && robot.Header.HasSeqno && robot.Header.HasTm)
        {
            Console.WriteLine("Seq={0} tm={1}",
```

```
            robot.Header.Seqno.ToString(), robot.Header.Tm.ToString());
    }
    else
    {
        Console.WriteLine("No header in robot message");
    }
}
```

可以按照代码 6-17 进行修改,实时显示机器人的位置。

代码 6-17

```
Console.WriteLine("Seq={0}  tm={1}   pos= {2}",  robot.Header.Seqno.ToString(), robot.Header.Tm.ToString(), robot.FeedBack.Cartesian.Pos);
```

(7) 先运行 C#程序,然后再运行机器人程序。此时在 C#中可以实时看到机器人的位置信息和时间戳,如图 6-17 和图 6-18 所示。

图 6-17　C#实时显示收到的机器人位置信息、序号和时间戳

图 6-18　机器人的位置信息

6.4 C#端 WinForm 实时移动机器人（4 毫秒周期）

6.4.1 创建机器人 RAPID 代码

6.3 节介绍了机器人如何利用 EGM Position Stream 功能实现 4ms 一次实时发送当前位置给上位机，其中用到了"EGMStreamStart egmID1\SampleRate:=4"相关指令，该指令只能启动发送数据功能。若希望通过上位机实时控制机器人，则必须使用 EGM Position Guidance 功能，其相关指令在 6.2.3 小节已经介绍过。

本小节将介绍如何在 C#中实现通过移动鼠标实时控制机器人运动的功能，如图 6-19 所示。

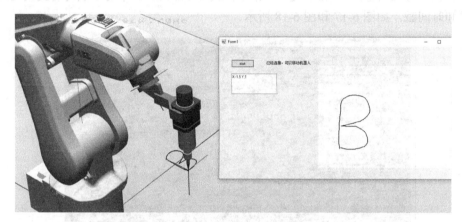

图 6-19 上位机实时控制机器人运动

机器人示例代码如代码 6-18 所示。

代码 6-18

```
VAR egmident egmID1;
VAR egmstate egmSt1;
! 笛卡儿运动收敛域: +-1 mm
CONST egm_minmax egm_minmax_lin1:=[-1,1];
! 姿态运动收敛域 convergence: +-2 degrees
CONST egm_minmax egm_minmax_rot1:=[-2,2];
PERS tooldata MyTool:=[TRUE,[[31.792631019,0,229.638935148],[0.945518576,0,0.325568154,0]],[0.1,[0,0,1],[1,0,0,0],0,0,0]];
! corr-frame: wobj0, sens-frame: wobj0
VAR pose corr_frame_offs:=[[0,0,0],[1,0,0,0]];
! Correction frame offset: none
!矫正坐标系的偏差
CONST robtarget p100:=[[364.6839,2.01102E-28,368.9905],[8.405549E-08,2.75721E-31,-1,2.317587E-38],[0,0,0,0],[9E+09,9E+09,9E+09,9E+09,9E+09,9E+09]];
!起点位置
    PROC main()
        MoveJ p100,v1000,fine,MyTool\WObj:=wobj0;
        ! 移动机器人到开始点，必须用 Fine 参数
        testuc;
```

```
    !调用程序
ENDPROC
PROC testuc()
    EGMReset egmID1;
    waittime 1;
    EGMGetId egmID1;
    egmSt1:=EGMGetState(egmID1);
    !获取当前 EGM 状态
    TPWrite "EGM state: "\Num:=egmSt1;
    IF egmSt1<=EGM_STATE_CONNECTED THEN
        ! 设置 EGM 连接: UdpUc Server 使用设备 "UCdevice"，默认参数"default"配置
        EGMSetupUC ROB_1,egmID1,"default","UCdevice"\pose;
    ENDIF
    EGMActPose
egmID1\Tool:=MyTool,corr_frame_offs,EGM_FRAME_WORLD,corr_frame_offs,EGM_FRAME_WORLD\x:
=egm_minmax_lin1\y:=egm_minmax_lin1\z:=egm_minmax_lin1\rx:=egm_minmax_rot1\ry:=egm_minmax_rot
1\rz:=egm_minmax_rot1\LpFilter:=20\MaxSpeedDeviation:=40;
    !Sensor 和矫正坐标系均基于 World 坐标系
    EGMRunPose egmID1,EGM_STOP_HOLD\x\y\CondTime:=2\RampInTime:=0.05;
    !机器人仅响应 x 和 y 方向的数据
    !机器人到达位置且满足收敛域 2s 后，机器人继续往下执行代码
    egmSt1:=EGMGetState(egmID1);
    IF egmSt1=EGM_STATE_CONNECTED THEN
        TPWrite "Reset EGM instance egmID1";
        EGMReset egmID1;
    ENDIF
    TPWrite "finish";
ENDPROC
```

6.4.2 创建 WinForm 程序

在 C#中创建 WinForm 程序，并插入一个 Button、一个 PictureBox、一个 Label 和一个 TextBox 控件。Label 用于显示 EGM 连接状态，初值如图 6-20 中所示的 等待...；PictureBox 用于记录和显示鼠标的移动轨迹；TextBox 用于实时显示当前鼠标在 PictureBox 中的坐标。

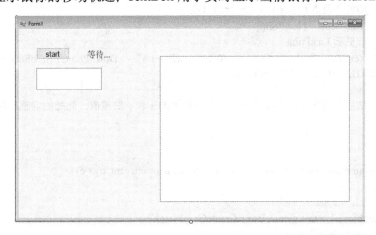

图 6-20 上位机界面

希望实现图 6-21 中的效果，能够在 PictureBox 中记录鼠标的轨迹。为此，可以使用 PictureBox 的 MouseDown、MouseMove 和 MouseUp 事件，即按下鼠标左键开始记录鼠标的实时坐标，移动鼠标时记录鼠标坐标并在 PictureBox 中显示，抬起鼠标左键停止记录鼠标的坐标，具体实现如代码 6-19 所示。

代码 6-19

```csharp
public static Point DownPoint = Point.Empty;
public static Point LastPoint = Point.Empty;
public static Point NewPoint = Point.Empty;
public    static bool bCatch = false;
private void pictureBox1_MouseDown(object sender, MouseEventArgs e)
    {
        //鼠标左键按下事件
        DownPoint = new Point(e.X, e.Y);
        //记录鼠标按下的位置
        LastPoint=new Point(e.X, e.Y);
        //记录鼠标按下的位置
        bCatch = true;
        //将 bCatch 置 true
    }

private void pictureBox1_MouseMove(object sender, MouseEventArgs e)
    {
        Graphics g1 = this.pictureBox1.CreateGraphics();
        //创建一个 Graphics 实例 g1
        if (bCatch == true)
        {
            //开始记录
            NewPoint = new Point(e.X, e.Y);
            //实时鼠标的坐标位置
            Pen p = new Pen(Color.Blue, 2);
            //画笔为蓝色，粗细为 2
            g1.DrawLine(p, LastPoint, NewPoint);
            //将当前点和 LastPoint 连接画直线
            LastPoint = NewPoint;
            //更新 LastPoint
            textBox1.Text = "X:" + (0.5*(NewPoint.Y - DownPoint.Y)).ToString() + " Y:" + (0.5*(NewPoint.X - DownPoint.X)).ToString();
            }
            //显示当前鼠标的位置与鼠标按下位置的 x 和 y 的差值，此处的调整系数为 0.5
        }
    }

private void pictureBox1_MouseUp(object sender, MouseEventArgs e)
    {
        bCatch = false;
        Graphics g1 = this.pictureBox1.CreateGraphics();
        g1.Clear(Color.White);
        //停止记录，画面清空
    }
```

6.4.3 完整上位机实时移动测试

机器人与上位机开始 EGM 通信后，上位机可以将收到的机器人当前的位置作为参考点，加上鼠标在 PictureBox 中移动相对于鼠标按下位置起点的差值，作为导引后的位置发送给机器人，机器人通过 EGM 接收位置后实时移动。如图 6-21 所示。

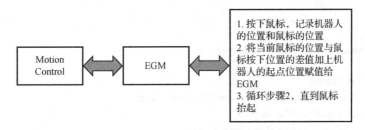

图 6-21 机器人与上位机 EGM 通信数据

关于上位机和机器人 EGM 通信的代码实现，可以参考 6.3.3 小节中的代码。在 6.3.3 小节中，由于上位机只是收取数据（将上位机发送数据的代码临时注释），此处取消对发送数据的代码注释。PC 端完整的代码如代码 6-20 所示。

代码 6-20

```
class Sensor
    {
        public static double robot_x_start=0;
        public static double robot_y_start = 0;
        //用于记录机器人开始的位置，后续鼠标偏差加到这个位置上发送给机器人

        public static double robot_x_current = 0;
        public static double robot_y_current = 0;
        //记录机器人当前的位置
        public static bool bGet = false;
        //用来判断是否是第一个位置
        …
void DisplayInboundMessage(EgmRobot robot)
        {
            if (robot.HasHeader && robot.Header.HasSeqno && robot.Header.HasTm)
            {
                Console.WriteLine("Seq={0} tm={1}    pos= {2}",
                    robot.Header.Seqno.ToString(), robot.Header.Tm.ToString(), robot.FeedBack.Cartesian.Pos);
            if (bGet == true)
                {
                    bGet = false;
                    robot_x_start = robot.FeedBack.Cartesian.Pos.X;
                    robot_y_start = robot.FeedBack.Cartesian.Pos.Y;
                    //记录机器人的第一个位置
                    //bGet 在鼠标 MouseDown 时置为 True
                }
                else
                {
                    robot_x_current = robot.FeedBack.Cartesian.Pos.X;
```

```csharp
                    robot_y_current = robot.FeedBack.Cartesian.Pos.Y;
                }
            }
            else
            {
                Console.WriteLine("No header in robot message");
            }
}
…
void CreateSensorMessage(EgmSensor.Builder sensor)
    {
        // 创建 Header
        EgmHeader.Builder hdr = new EgmHeader.Builder();
        hdr.SetSeqno(_seqNumber++)
            .SetTm((uint)DateTime.Now.Ticks)
            .SetMtype(EgmHeader.Types.MessageType.MSGTYPE_CORRECTION);

        sensor.SetHeader(hdr);
        // 创建 sensor 数据
        EgmPlanned.Builder planned = new EgmPlanned.Builder();
        EgmPose.Builder pos = new EgmPose.Builder();
        EgmQuaternion.Builder pq = new EgmQuaternion.Builder();
        EgmCartesian.Builder pc = new EgmCartesian.Builder();

        if (Form1.bCatch == true)
        {
            //鼠标按下，bCatch 置为 True
            pc.SetX(robot_x_start + 0.5*(Form1.NewPoint.Y-Form1.DownPoint.Y))
                .SetY(robot_y_start + 0.5*(Form1.NewPoint.X-Form1.DownPoint.X))
                .SetZ(368);
            //将鼠标当前的位置与鼠标按下的差值 + 机器人的初始值发送给机器人
        }
        else
        {
            pc.SetX(robot_x_current)
                .SetY(robot_y_current)
                .SetZ(368);
            //鼠标抬起，上位机将收到的数据直接返回给机器人
        }
        pq.SetU0(1.0)
            .SetU1(0.0)
            .SetU2(0.0)
            .SetU3(0.0);
        //设置姿态数据

        pos.SetPos(pc)
            .SetOrient(pq);
        planned.SetCartesian(pos);    // 绑定 pos 到 planned
        sensor.SetPlanned(planned);   // 绑定 planned 到 sensor
        return;
    }
```

```
}
public partial class Form1 : Form
    {
…
    private void pictureBox1_MouseDown(object sender, MouseEventArgs e)
        {
            DownPoint = new Point(e.X, e.Y);
            LastPoint=new Point(e.X, e.Y);
            bCatch = true;
            Sensor.bGet = true;
            //在鼠标按下时，将 Sensor 类下的 bGet 置为 true
        }
…
}
```

6.5 基于 LeapMotion 的手势操控机器人运动

6.5.1 LeapMotion 简介

Leap Motion（见图 6-22）是面向 PC 和 Mac 的体感控制器制造公司 Leap 于 2013 年 2 月 27 日发布的体感控制器，2013 年 5 月 13 日正式上市，随后于 2013 年 5 月 19 日在美国零售商百思买独家售卖。目前，2013 年 7 月 22 日发布的新版 Leap Motion 已经开始派送，新版的 Leap Motion 将具有更高的软硬件结合能力。

人的一只手，有 29 块骨头、29 个关节、123 根韧带、48 条神经和 30 条动脉。这是一种精密、复杂和令人惊叹的技术，但您却能不费吹灰之力，轻松掌握。Leap Motion 体感控制器也几乎完全掌握这一技术（见图 6-23）。

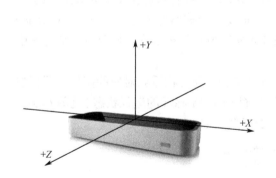

图 6-22 Leap Motion 体感控制器

图 6-23 Leap Motion 传感器的应用示例

Leap Motion 体感控制器可追踪全部 10 根手指，精度高达 1/100 mm，它远比现有的运动控制技术更为精确这就是您可以在一英尺宽的立方体中绘制出迷你杰作的原因。

Leap Motion 输出数据的坐标系可以输出：
- hands 手，包括所有可以检测到的；
- fingers 手指，所有的；
- tools 工具，所有的；

- pointables，具有指向性的物体，包括所有的手指和工具；
- gestures 手势，包括以上所有对象的动作。

手模型可以提供位置、特征、动作，以及和手关联的手指、工具等信息。对手的模型，Leap Motion API 提供了尽可能多的信息，但并不是每一帧都能完全检测到这些属性。例如，握拳时，手指不可见，所以手指的列表就可能为空，编码时要注意到这些情况。

手的属性包括：
- palm position，手掌位置，手掌中心位置距 Leap Motion 原点的距离，单位为 mm；
- palm velocity，手掌速度，单位为 mm/s；
- palm normal，手掌法向量，由掌心向下指向外部，如图 6-24 所示；
- direction，方向，掌心指向手指的向量，如图 6-24 所示。

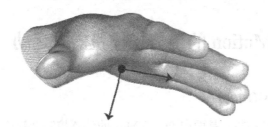

图 6-24 palm normal 和 direction

6.5.2 LeapMotion 数据的读取

6.4 节介绍了在 C# WinForm 中通过鼠标的实时移动，控制机器人同步运动的实现方法。将编写的 WinForm.exe 直接放入支持 Windows 平台的平板（如 Surface），也可直接在平板上实时控制机器人的运动。

鼠标移动的方式限制了记录和输出的数据只能是二维的。若希望传感器完成空间的 X、Y、Z 移动甚至绕 X、Y、Z 旋转的记录，Leap Motion 是一个非常好的选择。将 Leap Motion 获取到的手（Hand）的位置和姿态数据通过 EGM 实时发送给机器人，则可以完成非常酷炫的手势控制机器人运动功能。

安装完 Leap Motion 软件并连接产品后，可以在 PC 任务栏看到对应的图标。鼠标右键单击图标（见图 6-25），单击"Visualizer"，可以检查 Leap Motion 的运行状态（见图 6-26）。单击键盘中的"H"键，可以查看 Leap Motion 的帮助和 Hand 信息。

图 6-25 单击"Visualizer"

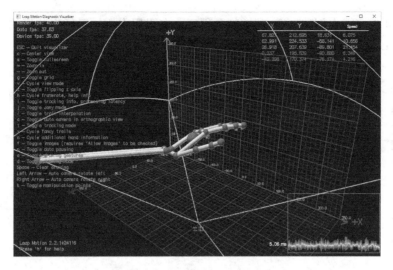

图 6-26　Leap Motion 的运行状态

可以通过 Leap Motion 的官网下载 Leap Motion 的 SDK，Leap Motion 的 SDK 有针对不同平台的例子供参考（见图 6-27）在 SDK 安装包内的 docs 文件夹下也有针对不同应用的帮助文档，如针对 C#的帮助文档（见图 6-28）。

图 6-27　Leap Motion 的示例代码

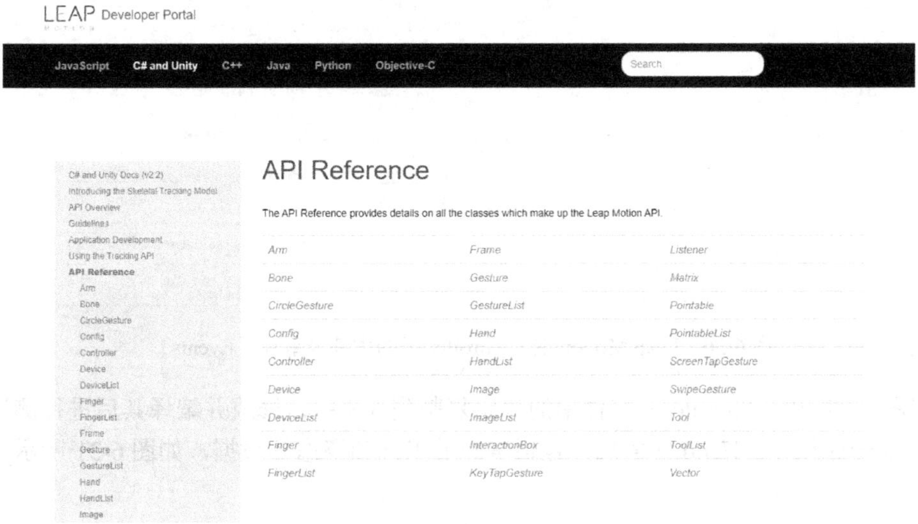

图 6-28　针对 C#的帮助文档

在 Visual Studio 中创建一个 C#控制台程序，在引用中添加已经安装好的 Leap Motion 的 SDK：即 LeapCSharp.NET4.0（见图 6-29）。

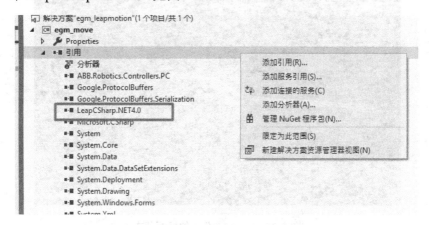

图 6-29　添加 LeapCSharp.NET4.0 引用

图 6-30 给出了 Leap Motion 的 Controller 类的大部分事件（Events），可以根据需要在实例化 Controller 后对 OnInit（初始化）、OnConnect（连接成功）、OnDisconnect（断开连接）和 OnFocusGained（捕获焦点，即视野内捕获 Hand）等事件进行处理。OnFrame 事件为每一帧新图像获得时的事件，可以在该事件中获取捕获的 Hand 等信息。

OnConnect()	The Controller connects to the Leap Motion service/daemon and the Leap Motion hardware is attached.
OnDeviceChange()	The status of a Leap Motion hardware device changes.
OnDisconnect()	The Controller disconnects from the Leap Motion service/daemon or the Leap Motion hardware is removed.
OnExit()	The Controller object is destroyed.
OnFocusGained()	The application has gained operating system input focus and will start receiving tracking data.
OnFocusLost()	The application has lost operating system input focus. The application will stop receiving tracking data unless it has set the BACKGROUND_FRAMES_POLICY.
OnFrame()	A new Frame of tracking data is available.
OnInit()	The Controller object is initialized.
OnServiceConnect()	The Controller has connected to the Leap Motion service/daemon.
OnServiceDisconnect()	The Controller has lost its connection to the Leap Motion service/daemon.

图 6-30　Leap Motion 的 Controller 类的大部分事件（Events）

将图 6-27 中的 Sample.cs 文件中的代码复制到 VS 中，修改并编译其后进行测试。可以看到写屏输出当前 Hand 的信息，包括掌心的坐标和姿态等数据，如图 6-31 所示。

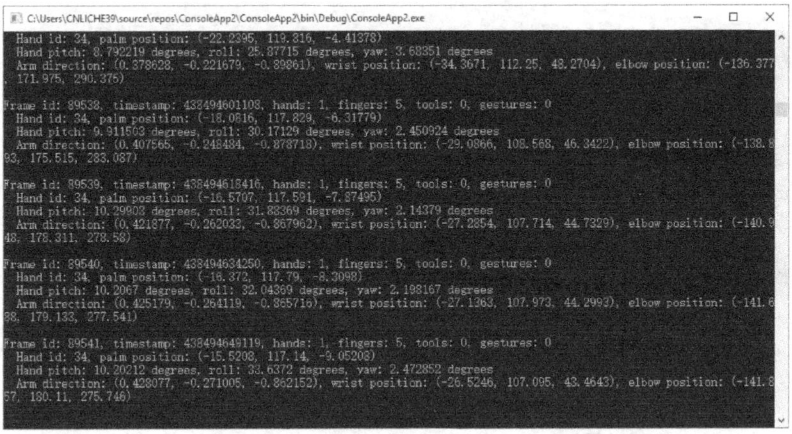

第 6 章　Externally Guided Motion

图 6-31　实时显示掌心的坐标和姿态等数据

6.5.3　基于 LeapMotion 的上位机程序

结合 6.4 节和 6.5.2 小节的内容，本小节中的示例代码可以实现基于 Leap Motion 和 EGM 的手势实时控制机器人的运动。在 C#中创建窗体程序，插入若干 Button 和 TextBox（用于显示连接状态、当前手的位置信息等）等控件，如图 6-32 所示。

按钮"连接 EGM"的 Click 事件代码参考 6.3 和 6.4 节中的代码。按钮"连接 LeapMotion"和"断开 LeapMotion"的 Click 事件代码可以参考 6.5.2 小节及 Leap Motion SDK 中 Controller 类的相关事件。

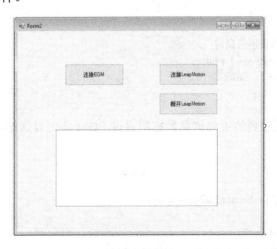

图 6-32　窗体设计界面

对于实现获取手的位置信息和姿态数据的功能，可以在 OnFrame 函数中添加如代码 6-21 所示的代码。

代码 6-21

```
public override void OnFrame(Controller controller)
    {
        Frame frame = controller.Frame();
        if (!frame.Hands.IsEmpty || !frame.Gestures().IsEmpty)
```

```csharp
{
    //如果现在检测到手
    Hand hand = frame.Hands[0];
    //假设此处只监测捕获第一只手的信息
    if (bHandFirstFound == false)
    {
        //记录第一次捕获手的位置信息
        //后续手的位置信息均与第一次的位置信息相减得到差值赋给机器人
        bHandFirstFound = true;
        Sensor.bGet = true;
        bLeapGet1 = true;
        handCenterFirst1 = hand.PalmPosition;
        // 记录第一次捕获的位置

        Pitch1 = hand.Direction.Pitch/6.28*360;
        Yaw1 = hand.Direction.Yaw / 6.28 * 360;
        Roll1 = hand.PalmNormal.Roll / 6.28 * 360;
        //记录第一次捕获的姿态数据

    }
    handCenter = hand.PalmPosition;
    pitch = hand.Direction.Pitch / 6.28 * 360;
    yaw = hand.Direction.Yaw / 6.28 * 360;
    roll = hand.PalmNormal.Roll / 6.28 * 360;
    //记录后续捕获的手的位置信息与姿态信息
}
else
{
    //没有捕获手信息时
    bHandFirstFound = false;
    bLeapGet1 = false;
}
```

由 Leap Motion 获取到的手部信息数据将通过 EGM 实时发送给机器人，此部分参考代码 6-22。

代码 6-22

```csharp
void CreateSensorMessage(EgmSensor.Builder sensor)
{
    // 创建 Header
    EgmHeader.Builder hdr = new EgmHeader.Builder();
    hdr.SetSeqno(_seqNumber++)
        .SetTm((uint)DateTime.Now.Ticks)
        .SetMtype(EgmHeader.Types.MessageType.MSGTYPE_CORRECTION);

    sensor.SetHeader(hdr);

    // 创建 sensor 数据
    EgmPlanned.Builder planned = new EgmPlanned.Builder();
    EgmPose.Builder pos = new EgmPose.Builder();
```

```
            EgmQuaternion.Builder pq = new EgmQuaternion.Builder();
            //记录四元数
            EgmEuler.Builder pe = new EgmEuler.Builder();
            //记录欧拉角
            EgmCartesian.Builder pc = new EgmCartesian.Builder();
            If (SampleListener.bLeapGet1 == true)
            {
                double ratio = 1.2;
                double ratio_angle = 1;
                //设置平移及旋转系数
                pc.SetX(robot_x1 + ratio*(SampleListener.handCenter.z - SampleListener.handCenterFirst1.z))
                    .SetY(robot_y1 + ratio*(SampleListener.handCenter.x - SampleListener.handCenterFirst1.x))
                    .SetZ(robot_z1 + ratio*(SampleListener.handCenter.y - SampleListener.handCenterFirst1.y));
                //将 Leap Motion 的当前位置数据与初值相减得到差值 再加上 EGM 开始时的机器人位
                //置初值
                //注意 Leap Motion 坐标系与机器人坐标系的差异

                pe.SetX(robot_rx1 + ratio_angle * (-SampleListener.roll1 + SampleListener.roll))
                    .SetY(robot_ry1 + ratio_angle * (-SampleListener.pitch1 + SampleListener.pitch))
                    .SetZ(robot_rz1 + ratio_angle * (-SampleListener.yaw1 + SampleListener.yaw));
                //将 Leap Motion 的当前姿态数据与初值相减得到差值再加上 EGM 开始的机器人位置初值
                //注意 Leap Motion 坐标系与机器人坐标系的差异
            }
            else
            {
                pc.SetX(robot_x)
                    .SetY(robot_y)
                    .SetZ(robot_z);

                pe.SetX(robot_rx)
                    .SetY(robot_ry)
                    .SetZ(robot_rz);
            //没有捕获手信息时，PC 直接发送收到的数据
            }
            pos.SetPos(pc)
                .SetEuler(pe);

            planned.SetCartesian(pos);  // 绑定 pos 到 planned
            sensor.SetPlanned(planned); // 绑定 planned 到 sensor
            return;
}
```

完成所有代码编写后即可进行测试，图 6-33 为本书作者实际使用 Leap Motion 体感控制器实时控制机器人运动。Leap Motion 也可识别两只手（可以返回 IsLeft 和 IsRight），利用人的两只手再配合 ABB 的 Yumi 机器人即可实现真正的人机手势远程操控。同时可以利用 Leap Motion 对于手的动作（gesture）的返回值，结合 PCSDK，触发对应的 I/O 信号，完成机器人抓取等动作，此部分就有待读者自行完成。

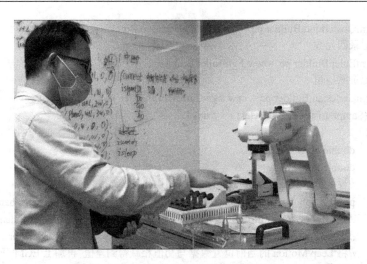

图 6-33 手势控制机器人的实际画面